ELECTRICAL THEORY

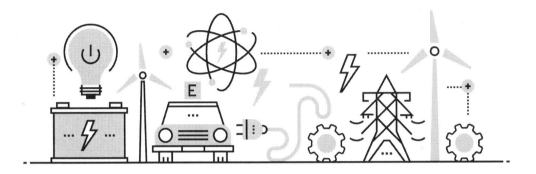

탄탄한 기초를 위한

전기이론

조성덕 저

예문사

머리말

현재 우리는 인공지능기술 및 사물인터넷, 빅데이터 등 정보통신기술(ICT)과의 융합을 통해 생산성이 급격히 향상되고 제품과 서비스가 지능화되는 4차 산업 혁명시대를 살고 있다. 이러한 기술을 기반으로 모든 산업이 스마트 팩토리화 되고 있기 때문에 이러한 기술을 선도하는 전기 · 전자 분야의 역할은 매우 중요하다.

전기공학은 자연과학의 핵심 부분을 차지하고 있으며, 최근에는 전기, 전자, 통신 공학의 전공자는 물론 기계 등 다른 전문 분야의 공학 전공자에게도 가장 기본이 되는 기초 학문이 되었다.

그러나 전기이론은 공부하는 데 어려운 수학 지식 및 여러 학문이 융합된 지식이 필요하기 때문에 전공자도 어려운 과목이라고 느낀다. 따라서 이 책은 복잡하고 어려운 수식은 가능한 한 생략하고 전기의 기본이 되는 현상이나 법칙 등을 보다 쉽게 이해시키는 데 중점을 두어 서술하였다.

이 책은 제1장 직류회로, 제2장 정전기회로, 제3장 자기회로, 제4장 교류회로, 제5장 회로망, 비정현파, 과도현상 등 총 5장으로 구성하였으며, 필수 학습 내용을 수록하였다. 그리고 전기공학이란 점을 감안하여 교류회로 계산 부분을 비교적 자세하게 기술하였다. 이 책을 통해 전기의 기본적인 현상이나 법칙, 원리 등을 습득하여 날로 발전하는 전기 분야의 전반적인 지식과 기술이 향상하기 바란다.

끝으로 출간 과정에서 많은 도움을 주신 도서출판 예문사 사장님과 여러 임직원에게 깊이 감사드리며 독자의 무궁한 발전을 기원한다.

저자 조성덕

이 책의 차례

CHAPTER 01 직류회로

이 책의 차례

CHAPTER 02. 정전기회로

이 책의 차례

CHAPTER 03. 자기회로

이 책의 차례

CHAPTER 04 교류회로

이 책의 차례

ELECTRICAL THEORY

1장 직류회로

1.1 전기의 본질

1.1.1 물질의 구성

물질은 원자라고 하는 매우 작은 입자로 구성 되어 있다. 원자의 개수나 종류 등의 구성에 따라 물질의 성질이 달라진다. 원자는 원자핵과 그 주위 궤도를 회전하는 전자들로 구성되어 있다.

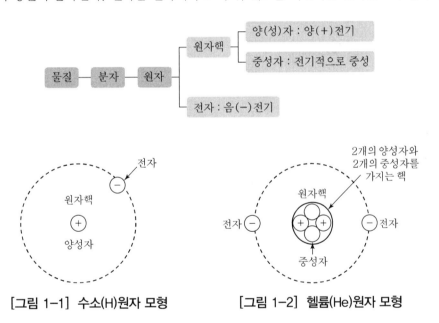

[그림 1-1] 수소(H)원자 모형   [그림 1-2] 헬륨(He)원자 모형

[그림 1-1]은 원자번호 1번의 수소 모형을 나타낸 것으로 그 구조는 양성자와 전자로 이루어져 있다. 원자핵은 양성자로 양(+)전하로 대전되어 있으며 원자핵 주위의 궤도를 돌고 있는 전자는 양성자의 전하량과 같은 크기의 음(-)전하를 띠고 있다.

[그림 1-2]는 원자번호 2번의 헬륨원자 모형으로 2개의 양성자와 2개의 전자 외에 2개의 중성자로 구성되어 있다. 모든 원자에서 중성자 수는 양성자, 전자의 개수와 동일하며, 전기적 성질은 띠지 않는다.

전자들이 돌고 있는 궤도를 전자각이라 하며, 핵으로부터 가장 멀리 떨어져 있는 궤도를 가전각(최외각)이라 한다. 가전각(최외각)에 위치한 전자는 외부의 자극에 의해 원자핵의 구속으로부터 비교적 쉽게 이탈할 수 있는데, 이를 자유전자 또는 전도전자(conduction electron)라고 한다.

전자의 전기량은 -1.60219×10^{-19}[C]의 값을 가지고 있으며 전자 한 개의 무게는 9.109×10^{-31}[kg]이다. 양성자의 전기량은 1.60219×10^{-19}[C]의 값을 가지고 있으며 양성자 한 개의 무게는 1.67261×10^{-27}[kg]이다. 따라서 양성자는 전자보다 1,840배 무겁다.

+ 예제 1-1 원자의 구속력을 벗어나서 물질 내에서 자유로이 이동할 수 있는 전자를 무엇이라 하는가?

[답] 자유전자

+ 예제 1-2 전자의 전기량은 얼마인가?

[답] -1.60219×10^{-19}[C]

1.1.2 전기의 발생

물체는 양(+)의 전기(positive electricity)를 가지는 양(성)자수와 음(−)의 전기(negative electricity)를 가지는 전자수가 동일할 때 전기적으로 중성 상태에 있어 전기적 성질을 띠지 않는다.

원자를 구성하는 전자가 원자로부터 받는 전기력의 크기는 물체에 따라 다르다. 서로 다른 종류의 물체를 붙였다가 떼어 내면(충격을 가하거나 마찰시킴) 전기력이 약한 물체에서 전기력이 강한 물체로 전자가 이동하면서 양전하와 음전하의 균형이 깨지면서 다수의 전하가 겉으로 드러나게 되는데, 이러한 현상을 대전(electrification)이라 한다.

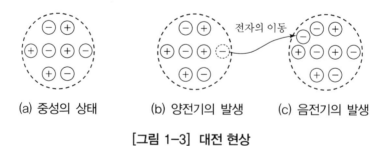

(a) 중성의 상태　　(b) 양전기의 발생　　(c) 음전기의 발생

[그림 1-3] 대전 현상

+ 예제 1-3 물질 중에서 자유전자가 과잉된 상태를 무엇이라 하는가?

[답] (−) 대전된 상태 또는 음전기의 발생

1.1.3 마찰전기

셀룰로이드로 만든 책받침을 옷으로 문질러 작은 종이에 가까이 가져가면, 종이조각들이 책받침에 달라붙는다. 이것은 마찰에 의해 셀룰로이드에 전기가 생겼기 때문이다. 이와 같이 마찰에 의하여 생긴 전기를 마찰전기라고 한다. 이때 셀룰로이드는 전기를 띠고 있기 때문에 대전되었다고 하며, 대전된 물체를 대전체라고 한다.

일상생활에서 흔히 볼 수 있는 마찰전기현상의 예로는, 화학 섬유로 만든 옷을 벗을 때 불꽃이 튀고 소리가 나는 현상, 문의 손잡이를 잡을 때 짜릿한 자극을 받게 되는 현상 등이 있다.

마찰전기현상은 기원전 600년경에 그리스의 철학자 탈레스가 발견하였다. 그는 옷에 문지른 호박이 종이조각이나 먼지 따위를 끌어당긴다는 것을 알고 있었다. 마찰전기현상은 아주 먼 옛날에 발견되었지만, 그것이 전기현상이라는 사실을 알게 된 것은 18세기에 들어와서이다.

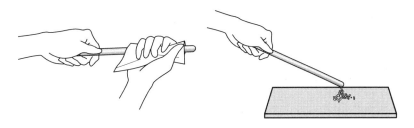

[그림 1-4] 마찰전기

많은 실험결과 마찰에 의하여 발생된 전기 상호 간에 흡인력과 반발력이 작용하는 것을 보고 전기에는 성질이 다른 2종류가 있다는 것을 알았으며, 동종의 전기 사이에는 흡인력, 서로 다른 종류의 전기 사이에는 반발력이 작용한다는 결론을 얻었다. 그리고 이들 2종의 전기를 양(+), 음(−)이라 하였다.

마찰에 의하여 양의 전기 또는 음의 전기가 발생하는 것은 마찰하는 물질의 종류와 상태에 따라 다르다.

＋ 예제 1-4 서로 다른 두 물체를 마찰했을 때 발생하는 전기를 무슨 전기라고 하는가?

[답] 마찰전기

1.1.4 전하와 전기량

전하(電荷, electric charge)는 전기현상을 일으키는 주체적인 원인이며, 물체가 대전되어 있을 때 이 물체가 가지고 있는 전기, 즉 대전된 전기를 전하라고 한다. 전기량이란 물질이 가지고 있는 전하의 양을 말한다.

전하의 국제단위는 쿨롱이며, 기호는 [C]이다. 쿨롱은 매우 큰 단위이며, 약 6.24×10^{18}개의 전자의 과부족으로 생기는 전하의 전기량이다. 양성자들의 전하의 양이다. 반대로, 전자 또는 양성자 한 개의 전하량은 $1.6021773349 \times 10^{-19}$[C]이며 이를 기본 전하라고 부른다.

> **+ 예제 1-5** 전자의 개수가 2×10^{19}라고 하면 얼마의 전기량을 갖는지 구하여라.
>
> **풀이** 전자 1개의 전기량이 -1.60219×10^{-19}[C]이므로
> 전하의 전기량은 -1.60219×10^{-19}[C]$\times 2 \times 10^{19} = 3.2$[C]이다.

1.1.5 정전유도 및 차폐

도체 또는 유전체에 전하를 접근시킬 때, 전하가 만드는 정전기장의 영향으로 도체 또는 유전체 표면에 전하가 나타나는 현상을 정전유도(electro-static induction)라 한다.

[그림 1-5]와 같이 대전이 안 된 절연된 도체 A에 양(+)으로 대전된 도체 B를 가까이하면, 도체 A에는 도체 B에 가까운 쪽에 음(−)전하가 나타나고, 먼 쪽에 양(+)전하가 나타나게 된다. 그런데 이 경우 대전된 도체 B를 멀리하면 도체에 발생하였던 양(+)·음(−)의 전하가 중화되어 전기적인 현상을 띠지 않는다.

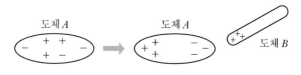

[그림 1-5] 정전유도

물질의 외피는 (+)로 내피는 (−)로 대전되어 있다고 할 때 접지를 하면 외피의 (+)전하들은 모두 땅속으로 흡수되고, 도체에는 (−)전하만 남게 되어 전위가 지구와 같게 된다. 이를 정전차폐 또는 실드(shield)되었다고 한다. 즉, 접지된 물체는 대전된 물체를 가까이 가져가도 정전차폐되어 정전유도 되지 않는다.

+ 예제 1-6 물질의 외피는 (+)로 내피는 (−)로 대전되어 있다고 할 때 접지를 하면 외피의 (+) 전하들은 모두 땅속으로 흡수되고 도체에는 (−)전하만 남게 되어 전위가 지구와 같게 되는데, 이를 무엇이라 하는가?

[답] 정전차폐

1.1.6 전기 전도도에 따른 물질 분류

전기 전도도에 따라 물질을 분류하면 크게 도체, 부도체, 반도체로 구분한다.

도체(conductor)란 연속적으로 전류를 흘릴 수 있는 물질이나 재료를 일컫는 말이다. 도체에는 자유전자가 많아서 전기장이 형성되면 자유전자가 전기장의 힘으로 이동하게 되는데, 이처럼 전기가 잘 통하는 물질을 전기적 도체라고 한다. 고체로는 철, 구리, 알루미늄, 금, 은과 같은 금속, 액체로는 산, 알칼리염의 수용액이 이에 해당된다. 열을 잘 전달하는 물질은 열의 도체라고 하는데, 금속이 대다수이며 보통 전기가 잘 통하는 금속일수록 열도 잘 전달한다. 자유전자가 많은 금속은 온도가 증가하면 원자의 접촉을 심화시켜 전자운동이 방해가 되어 저항이 증가한다.

부도체(non−conductor)란 열이나 전기를 전혀 전달하지 못하거나 잘 전달하지 못하는 물체를 일컫는 말이다. 수소나 헬륨 그리고 플라스틱과 같이 전기가 거의 통하지 않는 물체가 이에 해당된다.

반도체(semiconductor)는 도체와 부도체의 두 가지 성질을 다 가지고 있는데, 순수한 상태에서는 부도체와 비슷한 특성을 보이지만 불순물 첨가에 의해 전기 전도도가 늘어나기도 하고 빛이나 열에너지에 의해 일시적으로 전기 전도성을 갖기도 한다. 반도체는 전자가 많지 않기 때문에 온도가 증가하면 원자의 진동이 격렬해져 원자핵의 핵력이 감소하고 전자의 이동이 더욱 활발해지게 된다. 즉, 저항이 감소한다.

+ 예제 1-7 연속적으로 전류를 흘릴 수 있는 물질이나 재료를 일컫는 말은 무엇인가?

[답] 도체

+ 예제 1-8 반도체는 온도가 올라가면 전자의 움직임이 어떻게 되는가?

[답] 이동이 더욱 활발해진다.

1.2 전기회로

1.2.1 전위 · 전위차 · 전압

어느 기준면으로부터 측정한 하천이나 호수, 지하수 등 수면의 높이를 수위라고 하며 수위가 높은 곳과 낮은 곳의 차를 수위차라고 한다. 물은 수위가 높은 곳에서 낮은 곳으로 흐른다. 수위가 높은 곳과 낮은 곳의 차이만큼 물의 무게로 생기는 압력을 수압이라 한다. 물이 흐른다는 것은 곧 에너지의 이동을 말한다.

전기도 물의 경우와 같게 생각할 수 있다. 물의 수위는 전기회로에서 전위(electric potential), 수위차는 전위차(electric potential difference)라 할 수 있으며 수압은 전기적인 압력, 즉 전압(voltage)이라고 할 수 있다.

따라서 전류는 전위가 높은 쪽에서 낮은 쪽으로 흐르고, 이때 흐르는 전하량 $Q[\text{C}]$는 부하를 거쳐 $W[\text{J}]$의 일로 전환되며, 그 두 점 간의 전위차(전압)를 $V[\text{V}]$라고 할 때 관계식은 다음과 같다.

$$W = QV[\text{J}] \quad \cdots\cdots (1\text{-}1)$$

+ 예제 1-9 3[C]의 전하량이 두 점 사이를 이동하여 30[J]의 일을 하였다면 두 점 사이의 전위차는 얼마인지 구하여라.

풀이 $V = \dfrac{W}{Q} = \dfrac{30}{3} = 10$

1.2.2 전류

전류란 전하가 도선을 따라 흐르는 현상을 말한다. 전류의 크기는 도체의 어떤 단면을 단위 시간 동안에 통과한 전하량으로 기호는 I로 나타내며 단위는 암페어(ampere, [A])를 사용한다. 따라서 $t[\text{sec}]$ 동안에 $Q[\text{C}]$의 전하가 이동하였다면, 전류 $I[\text{A}]$는 다음과 같은 식으로 나타낸다.

$$I = \dfrac{Q}{t}[\text{A}] \quad \cdots\cdots (1\text{-}2)$$

+ 예제 1-10 어떤 도체의 단면을 10[sec]간 2[C]의 전하가 이동하였다면 이 도체에 흐르는 전류는 몇 [A]인지 구하여라.

풀이 $I = \dfrac{Q}{t} = \dfrac{2}{10} = 0.2$

+ 예제 1-11 어떤 전지에서 5[A]의 전류가 2분간 흘렀다면 이 전지에서 나온 전기량[C]은 얼마인지 구하여라.

풀이 $Q = It = 5 \times 2 \times 60 = 600[\mathrm{C}]$

+ 예제 1-12 2[V] 전압이 인가된 도체에 5초간 2[A]의 전류가 이동을 하면 몇 [J]의 일을 하였는지 구하여라.

풀이 $W = VQ = VIt = 2 \times 2 \times 5 = 20[\mathrm{J}]$

1.2.3 저항과 컨덕턴스

도체에 전류가 흐를 때 전류의 흐름을 방해하는 물질의 특성을 전기저항(electric resistance)이라 한다. 저항의 기호는 R, 단위는 옴(ohm, [Ω])을 사용한다.

저항은 전류가 흐를 때 도선 내부에서 자유전자들이 원자들과 충돌하면서 움직임에 방해를 받기 때문에 생긴다. 물질에 따라 원자의 배열이 다르기 때문에 전기저항의 크기는 물질의 종류에 따라 다르다. 같은 종류의 물질이라도 도선의 길이나 굵기가 달라지면 저항의 크기도 달라진다. 도선의 길이가 길면 전자가 지나가야 할 길이 길어지므로 저항이 크고, 굵기가 굵으면 단면을 통하여 지나가는 전자의 수가 많으므로 저항이 작다. 즉, 전기저항은 도선의 길이에 비례하고 굵기에 반비례한다. 따라서 물질의 저항은 주어진 온도에서 물질의 고유저항, 길이, 단면적 등의 세 가지 요소에 의해 결정된다.

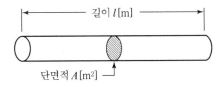

[그림 1-6] 도체

[그림 1-6]에서 도체의 길이가 $l[\mathrm{m}]$이고, 단면적이 $A[\mathrm{m}^2]$일 때 도체의 저항 $R[\Omega]$은 다음의 관계가 성립한다.

$$R = \rho \frac{l}{A} [\Omega] \quad \cdots\cdots\cdots\cdots\cdots\cdots\cdots\cdots\cdots\cdots\cdots\cdots\cdots\cdots (1\text{-}3)$$

여기서, 비례상수 ρ(로)를 물질의 고유저항[Ω · m]이라고 하며 도체의 재질에 따라 고유한 값을 가진다.

- 국제 표준 연동의 고유저항 $\rho = \dfrac{1}{58} \times 10^{-6} = 1.7241 \times 10^{-8}[\Omega \cdot \mathrm{m}]$

- 국제 표준 경동의 고유저항 $\rho = \dfrac{1}{55} \times 10^{-6} = 1.7774 \times 10^{-8}[\Omega \cdot \mathrm{m}]$

+ 예제 1-13 도체의 길이 50[m], 지름 2[mm], 고유저항이 $1.72 \times 10^{-8}[\Omega \cdot \mathrm{m}]$일 때 저항을 구하여라.

풀이 $l = 50[\mathrm{m}]$, $A = \pi \times 10^{-6}[\mathrm{m}^2]$, $\rho = 1.72 \times 10^{-8}[\Omega \cdot \mathrm{m}]$이므로

$$R = \rho \frac{l}{A} = 1.72 \times 10^{-8} \times \frac{50}{\pi \times 10^{-6}} = 0.274[\Omega]$$

컨덕턴스(conductance)는 도체에 흐르는 전류의 크기를 나타내는 상수로 저항의 역수이며 전류가 흐르기 쉬운 정도를 나타낸다. 컨덕턴스의 기호는 G이고, 단위는 지멘스(siemens, [S])이며 과거에는 모(mho, [℧])를 사용하였다.

$$G = \frac{A}{\sigma l} [\mathrm{S}], \ \sigma = \frac{1}{\rho}, \ R = \frac{1}{G}[\Omega] \quad \cdots\cdots\cdots\cdots\cdots\cdots\cdots\cdots\cdots\cdots\cdots\cdots\cdots\cdots \ (1\text{-}4)$$

여기서, σ : 도전율, ρ : 저항률

+ 예제 1-14 도체의 길이 50[m], 지름 2[mm], 고유저항이 $1.72 \times 10^{-8}[\Omega \cdot \mathrm{m}]$일 때 컨덕턴스를 구하여라.

풀이 $l = 50[\mathrm{m}]$, $A = \pi \times 10^{-6}[\mathrm{m}^2]$, $\rho = 1.72 \times 10^{-8}[\Omega \cdot \mathrm{m}]$이므로

$$R = \rho \frac{l}{A} = 1.72 \times 10^{-8} \times \frac{50}{\pi \times 10^{-6}} = 0.274[\Omega]$$

$$G = \frac{1}{R} = \frac{1}{0.274} = 3.65[\mathrm{S}]$$

1.2.4 저항온도계수(temperature coefficient of resistance)

전기저항의 변화를 발생시키는 온도차에 대한 전기저항의 변화에 관한 온도계수를 저항온도계수라 한다. 자유전자가 많은 도체는 온도가 올라가면 에너지가 증가하여 원자의 충돌이 많아져 저항이 커지며, 전자의 개수가 적은 반도체는 에너지의 증가로 전자의 이동이 활발해져 저항이 작아진다.

(1) 표준 연동에 대한 저항의 온도계수

저항의 온도가 0[℃]에서 1[℃]로 상승할 때의 저항값의 증가 비율

$$\alpha_0 = \frac{1}{234.5} \fallingdotseq 0.00427$$

(2) $t[℃]$에서의 저항

온도 상승 전 도체의 저항값을 R_0라 하고, 온도가 상승하여 $t[℃]$만큼의 온도 변화가 발생하였을 때의 저항값을 R_t라 할 때,

$$R_t = R_0(1 + \alpha_0 t)[\Omega] \quad \text{·· (1-5)}$$

의 관계가 성립한다.

+ 예제 1-15 0[℃]에서 20[Ω]인 연동선이 90[℃]로 되었을 때의 저항은 몇 [Ω]인지 구하여라.

풀이 연동선의 저항 온도계수 $\alpha_0 = \dfrac{1}{234.5}$ 이므로

$$R_t = R_0(1 + \alpha_0 t) = 20\left(1 + \frac{1}{234.5} \times 90\right) \fallingdotseq 27.7[\Omega]$$

1.2.5 저항체의 구비조건

저항은 다음과 같은 조건을 구비할수록 좋은 저항체가 된다.
① 고유저항이 클 것(저항률이 클수록 좋다)
② 저항에 대한 온도계수가 작을 것(온도변화에 따른 저항값의 변화가 없어야 한다)
③ 내열성, 내식성이면서 고온에서도 산화되지 않을 것
④ 다른 금속에 대한 열기전력이 작을 것
⑤ 가공, 접속이 용이하고 경제적일 것

1.3 전기회로의 법칙

1.3.1 옴의 법칙

도선에 흐르는 전류의 세기는 인가한 전압에 비례하고, 도선의 전기저항에 반비례한다. 이것을 옴의 법칙(Ohm's law)이라고 한다.

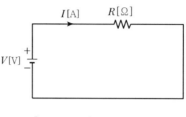

[그림 1-7] 옴의 법칙

[그림 1-7]과 같이 저항 $R[\Omega]$에 전압(기전력) $V[V]$를 인가하면 이때 흐르는 전류 $I[A]$의 크기는 다음 식과 같다.

$$I = \frac{V}{R}[A], \quad V = IR[V], \quad R = \frac{V}{I}[\Omega] \quad\cdots\cdots\cdots\cdots\cdots\cdots\cdots (1\text{-}6)$$

+ 예제 1-16 저항이 50[Ω]인 전기기구에 전압 100[V]를 인가했을 때 몇 [A]의 전류가 흐르는지 구하여라.

풀이 $I = \dfrac{V}{R} = \dfrac{100}{50} = 2[A]$

+ 예제 1-17 저항이 20[Ω]인 도체에 5[A]의 전류가 흐르고 있을 때, 이 도체 양단 간의 전압은 몇 [V]인지 구하여라.

풀이 $V = IR[V] = 5 \times 20 = 100[V]$

1.3.2 저항의 연결

(1) 직렬 접속

직렬 접속은 각각의 저항을 일렬로 접속하는 방법으로 접속된 저항에 흐르는 전류 I는 같으며 전압은 저항의 크기에 비례하여 분배된다. [그림 1-8]과 같이 저항 R_1, R_2를 직렬 접속했을 때 R_1, R_2에 같은 크기의 전류 $I[A]$가 흐르며, R_1에는 $V_1[V]$ 전압이 걸리고 R_2에는 $V_2[V]$의 전압이 걸리게 된다.

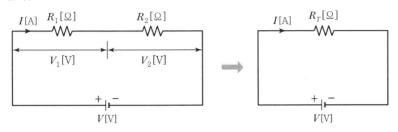

[그림 1-8] 저항의 직렬 접속

[그림 1-8]에서와 같이 저항 $R_1[\Omega]$, $R_2[\Omega]$을 직렬로 접속하고 전압 $V[V]$를 가했을 때 회로의 합성저항은 모든 저항을 더해서 구한다.

① 합성저항 R_T는 각 저항의 합과 같다.

$$R_T = R_1 + R_2[\Omega] \cdots\cdots\cdots\cdots\cdots\cdots\cdots\cdots\cdots\cdots (1\text{-}7)$$

② 전전류 I는 옴의 법칙에 의하여

$$I = \frac{V}{R_T} = \frac{V}{R_1 + R_2}[A] \cdots\cdots\cdots\cdots\cdots\cdots\cdots\cdots (1\text{-}8)$$

이 된다. 여기서 R_T는 직렬회로의 합성저항 값이다.

③ 각 저항 $R_1[\Omega]$, $R_2[\Omega]$ 양단에 걸리는 전압 V_1, V_2를 전압강하(voltage drop)라 하며 옴의 법칙으로 구하면 다음과 같다.

$$V_1 = IR_1[V], \quad V_2 = IR_2[V]$$

④ 각 저항에 분배되는 전압, 즉 전압강하는 저항의 크기에 비례한다.

$$V_1 = IR_1 = \frac{R_1}{R_1 + R_2}E = \frac{R_1}{R_T}V[V] \cdots\cdots\cdots\cdots (1\text{-}9)$$

$$V_2 = IR_2 = \frac{R_2}{R_1 + R_2}E = \frac{R_2}{R_T}V[V] \cdots\cdots\cdots\cdots (1\text{-}10)$$

⑤ R_1, R_2에 생기는 전압강하 V_1, V_2를 합하면 전원전압 $V[V]$와 같아야 하므로
$$V = V_1 + V_2 = IR_1 + IR_2 = I(R_1 + R_2) = IR_T[V]가 된다.$$

+ 예제 1-18 크기가 각각 5[Ω], 10[Ω], 15[Ω]인 저항을 직렬로 접속하는 경우 합성저항 R은 몇 [Ω]인가?

풀이 $R = R_1 + R_2 + R_3 = 5 + 10 + 15 = 30[\Omega]$이 된다.

+ 예제 1-19 그림에서 저항 R_1, R_2, R_3의 값이 각각 5, 15, 20[Ω]일 때 회로에 흐르는 전류 I[A]와 저항 R_1, R_2, R_3에 걸리는 전압 V_1, V_2, V_3의 값을 구하여라.(단, $E = 80$[V]이다.)

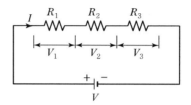

풀이 3개의 저항이 직렬로 연결되어 있으므로 회로의 합성저항은

$R = R_1 + R_2 + R_3 = 5 + 15 + 20 = 40[\Omega]$

옴의 법칙에 의해 회로에 흐르는 전류 I[A]는

$$I = \frac{V}{R} = \frac{80}{40} = 2[A]$$

각 저항에 걸리는 전압(전압강하)은

$V_1 = IR_1 = 2 \times 5 = 10[V]$

$V_2 = IR_2 = 2 \times 15 = 30[V]$

$V_3 = IR_3 = 2 \times 20 = 40[V]$가 된다.

(2) 병렬 접속

병렬 접속은 각각의 저항을 횡렬로 접속하는 방법으로 저항 양단의 전압은 같고 전류가 저항의 크기에 반비례하여 분배된다. [그림 1-9]에서 R_1과 R_2에 걸리는 전압은 V[V]로 같고 R_1은 I_1[A]가 R_2는 I_2[A]의 전류가 흐른다. I_1과 I_2의 합은 전전류 I와 같다.

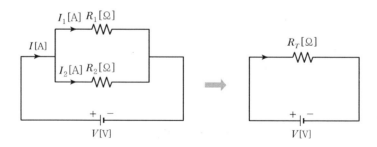

[그림 1-9] 저항의 병렬 접속

[그림 1-9]에서

① 저항 R_1, R_2에 분배되어 흐르는 전류를 I_1, I_2라고 하면 옴의 법칙에서

$$I_1 = \frac{V}{R_1}[\text{A}], \ I_2 = \frac{V}{R_2}[\text{A}]$$

② 전전류 I는 각 저항에 흐르는 전류 I_1, I_2의 합이므로

$$I = I_1 + I_2 = \frac{V}{R_1} + \frac{V}{R_2} = \left(\frac{1}{R_1} + \frac{1}{R_2}\right)V = \frac{V}{R_T}[\text{A}]$$

③ 병렬 접속에서의 합성저항 R_T는 $\dfrac{1}{R_T} = \dfrac{1}{R_1} + \dfrac{1}{R_2}$에서

$$R_T = \frac{1}{\dfrac{1}{R_1} + \dfrac{1}{R_2}} = \frac{R_1 R_2}{R_1 + R_2}[\Omega] \ \cdots\cdots\cdots\cdots\cdots\cdots\cdots\cdots (1\text{-}11)$$

이 된다.

④ 각 저항에 분배되는 전류 I_1, I_2는 $I_1 = \dfrac{V}{R_1}[\text{A}]$, $I_2 = \dfrac{V}{R_2}[\text{A}]$가 되고,

전전압 $V = IR_T = \dfrac{R_1 R_2}{R_1 + R_2}I[\text{V}]$이므로

$$I_1 = \frac{V}{R_1} = \frac{1}{R_1} \times \frac{R_1 R_2}{R_1 + R_2} I = \frac{R_2}{R_1 + R_2}I[\text{A}] \ \cdots\cdots\cdots\cdots\cdots (1\text{-}12)$$

$$I_2 = \frac{V}{R_2} = \frac{1}{R_2} \times \frac{R_1 R_2}{R_1 + R_2} I = \frac{R_1}{R_1 + R_2}I[\text{A}] \ \cdots\cdots\cdots\cdots\cdots (1\text{-}13)$$

가 된다.

+ 예제 1-20 그림과 같이 저항 R_1, R_2, R_3가 병렬로 연결된 회로에서 회로 전체의 합성저항 $R_T[\Omega]$과 회로에 흐르는 전전류 $I[\text{A}]$를 구하여라.

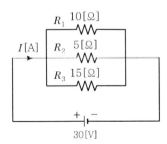

풀이 3개의 저항이 병렬로 접속되어 있으므로 회로 전체의 합성저항 R은

$$\frac{1}{R_T} = \frac{1}{R_1} + \frac{1}{R_2} + \frac{1}{R_3} \text{이므로} \quad \frac{1}{R_T} = \frac{1}{5} + \frac{1}{10} + \frac{1}{15} = \frac{11}{30}$$

따라서 $R_T = \frac{30}{11}$ [Ω]

전전류 $I = \frac{V}{R_T} = \frac{30}{\left(\frac{30}{11}\right)} = 11$ [A]

+ 예제 1-21 그림의 회로에서 I_1, I_2는 몇 [A]인지 구하여라.

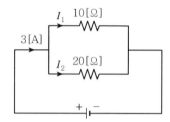

풀이 $\quad I_1 = \frac{R_2}{R_1 + R_2} \times I = \frac{20}{10 + 20} \times 3 = 2$ [A]

$\quad I_2 = \frac{R_1}{R_1 + R_2} \times I = \frac{10}{10 + 20} \times 3 = 1$ [A]

(3) 직 · 병렬 접속

직 · 병렬 접속은 저항의 직렬 접속과 병렬 접속을 조합한 회로를 말한다.

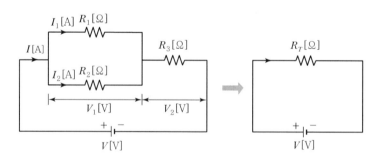

[그림 1-10] 저항의 직 · 병렬 접속

[그림 1-10]은 저항 R_1과 R_2를 병렬 접속한 회로에 R_3를 직렬 접속한 회로이다. 이 회로를 해석하면 다음과 같다.

① 합성저항을 구하면

$$R_T = R_3 + \cfrac{1}{\cfrac{1}{R_1} + \cfrac{1}{R_2}} = R_3 + \frac{R_1 R_2}{R_1 + R_2} = \frac{R_1 R_2 + R_2 R_3 + R_3 R_1}{R_1 + R_2} [\Omega] \text{이 된다.}$$

② 전압 V_1, V_2는 $V_1 = \dfrac{R_1 R_2}{R_1 + R_2} I[\text{V}]$, $V_2 = R_3 I[\text{V}]$가 된다.

③ 전류 I_1, I_2에 흐르는 전류는 $I_1 = \dfrac{R_2}{R_1 + R_2} I[\text{A}]$, $I_2 = \dfrac{R_1}{R_1 + R_2} I[\text{A}]$가 된다.

④ 기전력 V는 전압강하의 합이어야 하므로 $V = V_1 + V_2[\text{V}]$가 되고,

전전류 I는 $I = I_1 + I_2[\text{A}]$가 된다.

⑤ 직 · 병렬 접속회로의 경우 순차적으로 합성저항을 계산하면 된다.

⑥ N개 직렬연결된 저항을 n개 병렬연결하면 합성저항은 $R_T = \dfrac{NR}{n}[\Omega]$이 된다.

＋예제 1-22 $R[\Omega]$의 동일한 저항 n개를 직렬연결 시 합성저항 값은 병렬연결 시 합성저항 값의 몇 배인지 구하여라.

풀이 직렬연결 시 합성저항 $R' = nR$, 병렬연결 시 합성저항 $R'' = \dfrac{R}{n}$

따라서 $\dfrac{R''}{R'} = \dfrac{nR}{\dfrac{R}{n}} = n^2$배가 된다.

1.3.3 키르히호프의 법칙

키르히호프의 법칙은 1845년 구스타프 키르히호프가 처음으로 기술한 전기회로에서의 전하량과 에너지 보존을 다루는 2개의 이론식이다. 이 이론식은 전기공학 분야에서 폭넓게 사용되고 있으며 키르히호프의 규칙(Kirchhoff's rules) 또는 키르히호프의 법칙이라 불린다.

(1) 키르히호프의 전류 법칙(KCL)

전류가 흐르는, 즉 전기가 통과하는 분기점(선의 연결지점, 만나는 지점)에서 전류의 합(들어온 전류의 양과 나간 전류의 양)은 같다. 즉, 0이다. 또는 회로 안에서 전류의 대수적 합은 0이다.(단, 들어온 전류의 양을 양수로, 나간 전류의 양을 음수로 가정한다. 또한 도선상의 전류의 손실은 없다고 가정한다.)

$$\sum_{k=1}^{n} I_k = 0 \quad \cdots\cdots\cdots\cdots\cdots\cdots\cdots\cdots\cdots\cdots\cdots\cdots\cdots\cdots\cdots\cdots\cdots\cdots\cdots\cdots \quad (1\text{-}14)$$

[그림 1-11]과 같은 경우 키르히호프의 제1법칙으로 표현하면
$I_1 + (-I_2) + (-I_3) + I_4 + (-I_5) = 0$이 된다.

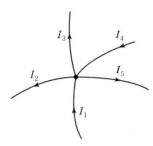

[그림 1-11] 키르히호프 전류 법칙

+ 예제 1-23 그림에서 키르히호프의 전류 법칙을 이용하여 I_3, I_5를 구하여라.

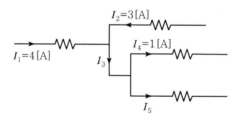

> **풀이** $I_1 + I_2 = I_3$에서 $I_3 = 4 + 3 = 7[\mathrm{A}]$
>
> $I_3 = I_4 + I_5$에서 $I_5 = I_3 - I_4$, $I_5 = 7 - 1 = 6[\mathrm{A}]$

+ 예제 1-24 그림의 회로에서 전류분배 법칙으로 R_1을 구하여라.

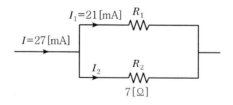

> **풀이** 저항 R_2에 흐르는 전류 I_2는 $I_2 = I - I_1 = 27 - 21 = 6[\mathrm{mA}]$
>
> 저항 R_2 양단의 전압 V_2는 $V_2 = I_2 \times R_2 = 6 \times 7 = 42[\mathrm{mV}]$
>
> 저항 R_1과 R_2가 병렬 접속되었으므로 R_1에 걸리는 전압은 V_2와 같다.

따라서 $V_1 = V_2 = I_1 R_1 = 42[\mathrm{mV}]$

$$R_1 = \frac{42 \times 10^{-3}}{21 \times 10^{-3}} = 2[\Omega]\text{이 된다.}$$

(2) 키르히호프의 전압 법칙

임의의 폐회로에 공급된 전압의 합은 회로 내에서 소비되는 전압의 크기와 같다. 즉, 회로 안에서 전압의 대수적 합은 0이다.(단, 공급된 전압은 양수로, 소비되는 전압은 음수로 가정한다. 또한 도선상의 전압의 손실은 없다고 가정한다). $\sum V$(공급전압)$= \sum IR$(소비전압)로 쓸 수 있으며 이 식을 일반화하면

$$\sum_{k=1}^{n} V_k = 0 \quad\text{·· (1-15)}$$

와 같이 표현할 수 있다.

공급전압은 전류 방향과 같으면 (+)로, 전류 방향과 반대이면 (−)로 계산한다.

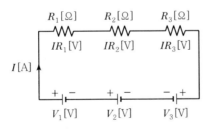

$V = V_1 + V_2 + V_3 = 2 + 6 + 4 = 12$

$V = V_1 - V_2 + V_3 = 9 - 12 + 6 = 3[\mathrm{V}]$

[그림 1-12]와 같은 경우 키르히호프의 제2법칙으로 표현하면

$V_1 + V_2 + (-V_3) = IR_1 + IR_2 + IR_3$으로 쓸 수 있다.

[그림 1-12] 키르히호프 전압 법칙

+ 예제 1-25 그림과 같은 회로에서 전압 V_1을 구하여라.

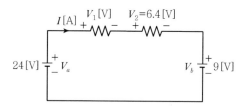

풀이 그림과 같이 시계방향으로 일주하면서 키르히호프의 전압 법칙을 적용하면
$(+V_a) - V_1 - V_2 + (-V_b) = 0$에서 $V_1 = V_a - V_2 - V_b = 24 - 6.4 - 9 = 8.6\,[V]$

1.3.4 전지

도체(導體)의 내부에 전위차(電位差)를 생기게 하여, 그 사이에 전하(電荷)를 이동시켜 전류를 통하게 하는 원동력을 기전력(E)이라 한다. 또한 전지가 보유하고 있는 전하의 양을 용량(Q)이라고 한다.

전지에 부하를 연결하지 않은 경우와 부하를 연결한 경우, 전지 (+)단자와 (-)단자 사이의 전압을 비교해 보면 부하를 연결하였을 때의 전압이 다소 떨어진다. 이것은 전지 내부에 저항이 존재하기 때문이다.

이 저항을 전지의 내부저항 r이라 하고, [그림 1-13]과 같이 표시한다.

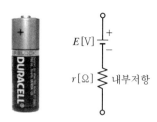

[그림 1-13] 전지의 내부저항

전지 1개로 사용했을 때 기전력이 부족하면 힘이 부족하게 되고 용량이 적으면 사용시간이 짧다.

(1) 전지의 직렬 접속

전지의 기전력이 부족하면 힘이 부족하게 된다. 절연이 충분할 때 힘을 크게 사용하려면 전지를 직렬로 연결하여 사용하면 된다.

[그림 1-14]와 같이 전지 각각의 기전력이 E_1, E_2, $E_3\,[V]$이고 내부저항이 r_1, r_2, $r_3\,[\Omega]$인 전지 3개를 직렬로 접속하고 이것에 부하저항 $R\,[\Omega]$을 연결하였을 때 부하 양단에 걸리는 기전력

E[V], 건전지의 용량 Q[C], 부하에 흐르는 전류 I[A], 건전지 내부합성저항 r[Ω]을 구하면 다음과 같다.

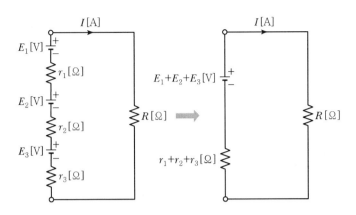

[그림 1-14] 전지의 직렬 접속

① 부하 양단에 걸리는 전압은

    전지를 직렬연결하면 $E = E_1 + E_2 + E_3$가 된다.

② 전지의 용량 $Q = Q$[C]으로 전지 1개일 때와 변화가 없다.

③ 전지의 합성 내부저항은 저항의 직렬연결이므로 $r = r_1 + r_2 + r_3$[Ω]이 된다.

④ 부하에 흐르는 전류 I는 옴의 법칙을 적용하여 식을 세우면 $I = \dfrac{E}{r + R}$[A]가 된다.

⑤ 기전력 E[V], 내부저항 r[Ω]인 같은 전지 n개를 직렬로 연결한 후 부하저항 R[Ω]과 직렬로 접속했을 때 기전력 E[V], 건전지의 용량 Q[C], 부하에 흐르는 전류 I[A], 건전지 내부합성저항 r[Ω]을 구하면 다음과 같다.

$$E = nE\,[\text{V}], \quad Q = Q\,[\text{C}], \quad r = nr\,[\Omega], \quad I = \frac{nE}{nr + R}\,[\text{A}] \cdots\cdots\cdots\cdots\cdots\cdots\cdots (1\text{-}16)$$

+ 예제 1-26   기전력이 1.5[V]이고 내부저항이 0.1[Ω]인 건전지 3개를 직렬로 연결한 직류 전원에 10[Ω]의 부하를 접속한 경우 부하에 흐르는 전류는 얼마인지 구하여라.

풀이   부하에 흐르는 전류 $I = \dfrac{nE}{nr + R}$[A]이므로 $I = \dfrac{3 \times 1.5}{3 \times 0.1 + 10} = \dfrac{4.5}{10.3} = 0.44$[A]이다.

(2) 전지의 병렬 접속

전지의 용량이 부족하면 사용시간이 짧다. 사용시간을 늘리려면 전지를 병렬로 연결하여 사용하면 된다.

[그림 1-15]와 같이 전지 각각의 기전력이 E_1, E_2, E_3[V]이고 내부저항이 r_1, r_2, r_3[Ω]인 전지 3개를 병렬로 접속하고 이것에 부하저항 R[Ω]을 연결하였을 때 부하 양단에 걸리는 기전력 E[V], 건전지의 용량 Q[C], 부하에 흐르는 전류 I[A], 건전지 내부합성저항 r[Ω]을 구하면 다음과 같다.

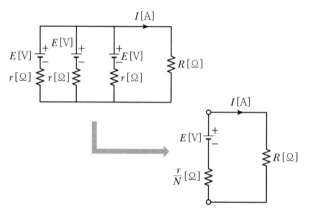

[그림 1-15] 전지의 병렬 접속

① 부하 양단에 걸리는 전압은

전지를 병렬연결하면 $E = E$로 전지 1개일 때와 같다.

② 전지의 용량 $Q = Q_1 + Q_2 + Q_3$[C]이 된다.

③ 전지의 합성 내부저항은 저항의 병렬연결이므로 $\dfrac{1}{r} = \dfrac{1}{r_1} + \dfrac{1}{r_2} + \dfrac{1}{r_3}$[Ω]이 된다.

④ 부하에 흐르는 전류 I는 옴의 법칙을 적용하여 식을 세우면 $I = \dfrac{E}{r + R}$[A]가 된다.

⑤ 기전력 E[V], 내부저항 r[Ω]인 같은 전지 N개를 병렬로 연결한 후 부하저항 R[Ω]과 직렬로 접속했을 때 기전력 E[V], 건전지의 용량 Q[C], 부하에 흐르는 전류 I[A], 건전지 내부합성저항 r[Ω]을 구하면 다음과 같다.

$$E = E\text{[V]},\quad Q = NQ\text{[C]},\quad r = \frac{r}{N}[\Omega],\quad I = \frac{E}{\dfrac{r}{N} + R}\text{[A]} \quad\cdots\cdots\cdots\cdots\cdots\cdots (1\text{-}17)$$

+ 예제 1-27 기전력이 1.5[V]이고 내부저항이 0.1[Ω]인 건전지 3개를 병렬로 연결한 직류 전원에 10[Ω]의 부하를 접속한 경우 부하에 흐르는 전류는 얼마인지 구하여라.

풀이 부하에 흐르는 전류 $I = \dfrac{E}{\dfrac{r}{N}+R}$[A]이므로 $I = \dfrac{1.5}{\dfrac{0.1}{3}+10} = \dfrac{1.5}{10.03} ≒ 10.47$[A]이다.

(3) 전지의 직·병렬 접속

[그림 1-16]에서 기전력이 E[V]이고 내부저항이 r[Ω]인 같은 전지 n개를 직렬로 접속한 것을 N조 병렬로 접속하고, 이것에 부하저항 R[Ω]을 연결하였을 때 부하 양단에 걸리는 기전력 E[V], 건전지의 용량 Q[C], 부하에 흐르는 전류 I[A], 건전지 내부합성저항 r[Ω]을 구하면 다음과 같다.

$$E = nE\text{[V]}, \quad Q = NQ\text{[C]}, \quad r = \frac{n}{N}r\text{[Ω]}, \quad I = \frac{nE}{\dfrac{n}{N}r+R}\text{[A]} \quad \cdots\cdots\cdots\cdots\cdots\cdots\cdots \text{(1-18)}$$

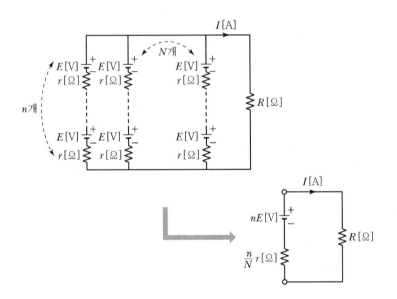

[그림 1-16] 전지의 직·병렬 접속

+ 예제 1-28 기전력 2[V], 내부저항 0.5[Ω]인 전지 9개가 있다. 이것을 3개씩 직렬로 하여 3조 병렬 접속한 것에 부하저항 1.5[Ω]을 접속하면 부하 전류[A]는 얼마인지 구하여라.

풀이 $R = \dfrac{0.5 \times 3}{3} + 1.5 = 2[\Omega]$

전지의 기전력은 $2 \times 3 = 6[V]$이므로 $I = \dfrac{V}{R} = \dfrac{6}{2} = 3[A]$

1.3.5 전류 · 전압 · 저항의 측정

전류를 측정하려면 전류계와 부하를 직렬로 연결하고, 전압을 측정하려면 전압계와 부하를 병렬로 연결한다.

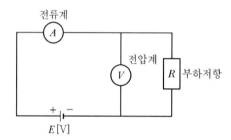

[그림 1-17] 전류 · 전압 측정

측정기의 측정 범위를 벗어나 측정할 수 없는 경우가 발생할 때에는 전류계의 경우 분류기를, 전압계의 경우 배율기를 사용하고, 저항 측정에는 휘트스톤 브리지를 사용한다.

(1) 분류기

전류계의 측정 범위를 넓히기 위해 전류계와 병렬로 접속하는 저항기를 분류기(shunt)라 한다. [그림 1-18]에서 전류계의 내부저항을 r_a[Ω], 분류기의 저항을 R_s[Ω]이라 하면 다음과 같다.

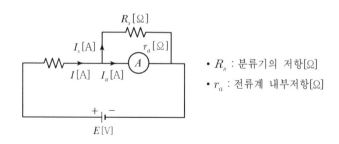

• R_s : 분류기의 저항[Ω]
• r_a : 전류계 내부저항[Ω]

[그림 1-18] 분류기

① 전류계의 측정 범위를 확대하기 위해 연결한 R_s와 r_a가 병렬연결이기 때문에 전류 분배법칙을 이용하여 전류계에 흐르는 전류 I_a를 계산하면

$I_a = \dfrac{R_s}{r_a + R_s} \times I$가 되므로 우리가 측정하고자 하는 전류 I로 정리하면

$$ I = \frac{r_a + R_s}{R_s} \times I_a = \left(\frac{r_a}{R_s} + 1 \right) \times I_a \ \cdots\cdots\cdots\cdots\cdots\cdots\cdots\cdots\cdots\cdots\cdots (1-19) $$

가 된다. 따라서 배율 n은

$$ n = \frac{I}{I_a} = \frac{r_a + R_s}{R_s} = 1 + \frac{r_a}{R_s} \ \cdots\cdots\cdots\cdots\cdots\cdots\cdots\cdots\cdots\cdots (1-20) $$

이 된다.

② 분류기의 저항은 식 (1-20)으로부터

$$ \therefore \ R_s = \frac{r_a}{n - 1} [\Omega] \ \cdots\cdots\cdots\cdots\cdots\cdots\cdots\cdots\cdots\cdots\cdots\cdots\cdots\cdots (1-21) $$

로 나타낼 수 있다.

+ 예제 1-29 최대 눈금 5[mA]인 직류 전류계로 50[A]까지의 전류를 측정하려면 몇 [Ω]의 분류기가 필요한지 구하여라.(단, 직류 전류계의 내부저항은 10[Ω]이라고 한다.)

풀이 $I = \left(1 + \dfrac{r_a}{R_s} \right) \times I_a [\mathrm{A}]$에서 $50 = \left(1 + \dfrac{10}{R_s} \right) \times 0.005$, $R_s = \dfrac{10}{9,999} = 0.001 [\Omega]$

(2) 배율기

전압계의 측정 범위를 넓히기 위해 전압계와 직렬로 접속하는 저항기를 배율기(multiplier)라 한다. [그림 1-19]에서 전압계의 내부저항을 $r_v [\Omega]$, 배율기의 저항을 $R_m [\Omega]$이라 하면 다음과 같다.

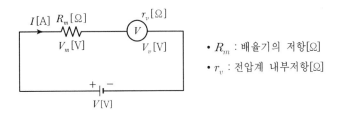

• R_m : 배율기의 저항[Ω]
• r_v : 전압계 내부저항[Ω]

[그림 1-19] 배율기

① 전압계의 측정 범위를 확대하기 위해 연결한 R_m과 r_v가 직렬연결이기 때문에 전압 분배법칙을 이용하여 전압계에 걸리는 전압 V_v를 계산하면 $V_v = \dfrac{r_v}{r_v + R_m} \times V$가 되므로 우리가 측정하고자 하는 전압 V로 정리하면

$$V = \frac{r_v + R_m}{r_v} \times V_v = \left(\frac{R_m}{r_v} + 1 \right) \times V_v \quad \text{............................} \quad (1\text{-}22)$$

가 된다. 따라서 배율 m은

$$m = \frac{V}{V_v} = \frac{r_v + R_m}{r_v} = 1 + \frac{R_m}{r_v} \quad \text{............................} \quad (1\text{-}23)$$

이 된다. 따라서
② 배율기의 저항은 식 (1-23)으로부터

$$\therefore \quad R_m = (m-1)r_v [\Omega] \quad \text{............................} \quad (1\text{-}24)$$

로 나타낼 수 있다.

+ 예제 1-30 최대 눈금 150[V], 내부저항 18,000[Ω]인 직류전압계가 있다. 이 전압계에 직렬로 36,000[Ω]의 저항을 접속하면 몇 [V]까지의 전압을 측정할 수 있는지 구하여라.

풀이 $V = \left(1 + \dfrac{R_m}{r_v} \right) \times V_v [\text{V}]$에서

$V = \left(1 + \dfrac{36,000}{18,000} \right) \times 150 = 3 \times 150 = 450 [\text{V}]$

+ 예제 1-31 최대 눈금 150[V], 내부저항 20,000[Ω]인 직류전압계가 있다. 이 전압계로 최대 600[V]까지 측정하려면 외부에 접속할 직렬저항은 얼마인지 구하여라.

풀이 $V = \left(1 + \dfrac{R_m}{r_v} \right) \times V_v [\text{V}]$에서

$600 = \left(1 + \dfrac{R_m}{20,000} \right) \times 150, \ R_m = 60,000 [\Omega]$

(3) 휘트스톤 브리지

저항을 측정하기 위해 4개의 저항과 검류계(galvano meter) G를 [그림 1-20]과 같이 브리지로 접속한 회로를 이용하는데, 이를 휘트스톤 브리지(Wheatstone bridge)회로라 한다.

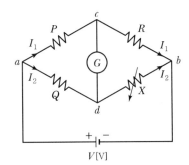

검류계 : 미소전류를 측정하는 측정계로서 전류의 유무를 파악하는 데 쓰인다.

[그림 1-20] 휘트스톤 브리지

이미 알고 있는 저항 P, Q, R과 측정하고자 하는 미지의 저항 X를 [그림 1-20]과 같이 접속하고 각 저항을 조정하여 검류계 G에 전류가 흐르지 않도록 되었을 때 브리지가 평형되었다고 한다.

브리지가 평형이 되면 c지점과 d지점의 전위가 같게 되고, $a \leftrightarrow c$와 $a \leftrightarrow d$에 발생하는 전압강하는 같다. 같은 이유로 $c \leftrightarrow b$와 $d \leftrightarrow b$에 발생하는 전압강하도 같다. 따라서 다음과 같은 관계식이 성립된다.

$$I_1 P = I_2 Q, \ I_1 R = I_2 X$$

이 식으로부터 $\dfrac{I_1}{I_2} = \dfrac{Q}{P} = \dfrac{X}{R}$이므로 미지의 저항 X는

$$X = \frac{Q}{P}R \ \text{···} (1-25)$$

로 나타낼 수 있다. 이를 브리지 회로의 평형 조건이라 한다.

＋ 예제 1-32 휘트스톤 브리지 평행조건에서 $P = 100[\Omega]$, $Q = 10[\Omega]$이고, R을 조정하여 검류계가 0을 지시하도록 하였다. 이때의 $R = 30[\Omega]$이었다면 측정하고자 하는 X는 얼마인지 구하여라.

풀이 휘트스톤 브리지의 평형 조건으로부터
$$X = \frac{P}{Q}R = \frac{100}{10} \times 30 = 300[\Omega]\text{이다.}$$

1.4 전력

전력이란 전류가 단위 시간에 행하는 일 또는 단위 시간 내에 도체 기기에서 소비되는 전기 에너지의 양을 일컫는 말이다. 따라서 일의 단위가 줄[J], 시간이 초[s]라면 전력의 단위는 [J/s]이고, 이 전력의 전기적 단위는 와트[W]이다.

1.4.1 직류 전력

전기 에너지에 의해 t[sec] 동안에 전기가 하는 일(W[J])을 전력이라 하고 기호는 P, 단위는 와트([Watt, [W])를 사용한다.

$$P = \frac{W}{t}[\frac{J}{sec}][W] \cdots\cdots\cdots\cdots\cdots\cdots\cdots\cdots\cdots\cdots\cdots\cdots \text{(1-26)}$$

식 (1-26)에 $W = QV$[J], $I = \frac{Q}{t}$[A]를 대입하면 $W = VIt$ 가 되고

$$P = \frac{W}{t} = \frac{VIt}{t} = VI[W] \cdots\cdots\cdots\cdots\cdots\cdots\cdots\cdots\cdots\cdots \text{(1-27)}$$

로 표시할 수 있다. 또한 옴의 법칙에 의하여 $V = IR$[V], $I = \frac{V}{R}$[A]이므로

$$P = VI = I^2 R = \frac{V^2}{R}[W] \cdots\cdots\cdots\cdots\cdots\cdots\cdots\cdots\cdots \text{(1-28)}$$

이 된다.

> 여기서, P : 전력[W], I : 전류[A], W : 전력량[J], Q : 전하량[C]
> t : 시간[sec], V : 전압, 전위차[V], R : 저항[Ω]

+ 예제 1-33 50[Ω]인 저항에 100[V]의 전압을 가했을 때, 이 저항에서 소비되는 전력은 몇 와트[W]인지 구하여라.

풀이 $P = \frac{V^2}{R} = \frac{100^2}{50} = 200[W]$

1.4.2 전력량

전력량이란 어느 일정시간 동안의 전기 에너지 총량을 나타내는 것으로 전력 $P[W]$와 시간 t [sec]의 곱으로 표시하며, 기호는 W, 단위는 줄(Joule, [J])을 사용한다.

$$W = Pt = VIt = I^2Rt = \frac{V^2}{R}t[J] \cdots\cdots (1\text{-}28)$$

이다.

여기서, W : 전력량[J], P : 전력[W], I : 전류[A]
t : 시간[sec], V : 전압[V], R : 저항[Ω]

＋예제 1-34 60[W]인 전구 1개를 하루에 3시간씩 점등하여 10일간 사용하였다면, 이 전구가 소비한 전력량[Wh]은 얼마인지 구하여라.

풀이 $W = Pt = 60 \times 3 \times 10 = 1,800[Wh] = 1.8[kWh]$

1.4.3 줄의 법칙

1840년 줄(Joule)이 발견하였고, 저항체에 흐르는 전류의 크기와 저항체에서 단위시간당 발생하는 열량과의 관계를 나타낸 법칙이다.

저항에 흐르는 전류에서 발생하는 열을 줄열이라고 하며, 발열 효과를 줄의 효과라 한다. 저항 $R[Ω]$의 도체에 전류 $I[A]$를 t[sec]간 흘릴 때 이 저항 중에 $I^2Rt[J]$의 열이 발생한다. 이때 발생 열을 줄(Joule)열 또는 저항열이라고 하며 발생 열량 H는

$$H = W = Pt = VIt = I^2Rt = \frac{V^2}{R}t[J] \cdots\cdots (1\text{-}30)$$

이 되고 이것을 [cal]로 환산하면

$$H \equiv 2.24W = 0.24Pt = 0.24VIt = 0.24I^2Rt = 0.24\frac{V^2}{R}t[cal] \cdots\cdots (1\text{-}31)$$

이 된다.

＋예제 1-35 500[W]의 전열기를 2시간 사용하였다. 이때 발생한 열량은 몇 [kcal]인지 구하여라.

풀이 열량 $H = 0.24Pt[cal]$, 1시간은 3,600초이므로
$H = 0.24 \times 500 \times 2 \times 3,600 = 864 \times 10^3[cal] = 864[kcal]$

1.5 전류의 열작용과 화학작용

1.5.1 전기분해

전기분해란 전해질(물에 녹았을 때 그 수용액이 전기를 통하는 물질) 수용액에 2개의 전극을 꽂고 직류 전류를 흘려보낼 때, 2가지 이상의 성분 물질로 나누어지는 화학 변화를 말한다. 줄여서 전해라고도 한다.

전해질을 물에 녹이면, −전기를 띤 음이온과 +전기를 띤 양이온으로 갈린다. 여기에 금속판이나 탄소 막대를 전극으로 하여 직류 전류를 흘려보내면, +전기를 띤 양이온은 음극에 모이고, −전기를 띤 음이온은 양극에 모인다. 이때 양이온은 음극에서 전자를 얻어 중성인 물질이 되고, 음이온은 양극에 전자를 주고 중성인 물질이 되면서 전극의 겉면에 금속이나 기체가 되어 나타나게 된다. 보통 금속은 음극, 기체는 양극에 생긴다.

전기분해는 물을 전기 분해하여 수소와 산소를 만들고, 소금물을 전기 분해하여 염소와 나트륨을 만드는 것과 같이 여러 가지 물질의 공업적인 제조에 쓰인다. 그 밖에 금속의 전해 정련이나 전기 도금 등에도 많이 응용된다.

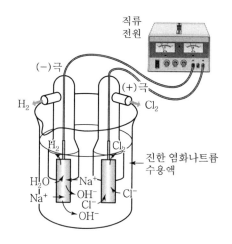

[그림 1−21] 염화나트륨 수용액의 전기분해

(1) 패러데이의 법칙

1933년 패러데이(Faraday)는 전기분해 시 생성물과 이동하는 전하량 간의 관계를 실험적으로 연구하여 다음과 같이 법칙화하였다.

① 전기분해 반응 시 생성되거나 소모되는 물질의 양은 이동하는 전하량에 비례한다. 이는 전지와 전극의 종류에 무관하다.

② 생성되거나 소모되는 양은 흐르는 전하량에 대해 화학당량(equivalent mass)만큼이다. 즉, 일정한 전하량이 흐를 때, 그에 해당하는 당량만큼이 생성되거나 소모된다.

전해액으로 흐르는 전류를 I[A], 흐른 시간을 t[sec], 극판에 석출되는 양을 W[g], 비례상수(화학당량)를 k라 하면 다음과 같은 관계식이 성립한다.

$$W = kQ = kIt \text{[g]} \cdots\cdots\cdots\cdots\cdots\cdots\cdots\cdots\cdots\cdots\cdots\cdots\cdots\cdots\cdots (1\text{-}32)$$

(2) 국부작용

내부의 불순물이 음극에 달라붙어 그 부분에서 음극과 불순물이 작은 전지를 구성해서 방전되는 현상이다. 사용하지 않아 저절로 방전되어 전지를 못 쓰게 되는 경우라면 국부작용에 의한 현상이라고 볼 수 있다.

(3) 분극작용

전해(전기분해) 시의 생성물로 인하여 극이 생기는 현상으로, 이는 전극에 석출된 물질이 다시 이온이 되려는 경향 때문에 역기전력을 일으키므로 단자전압을 저하시킨다. 이를 해결하기 위해서는 감극제를 사용하는데, 전지의 분극작용은 양극에서 석출하는 수소에 의한 것이 많기 때문에 초산, 중크롬산염, 이산화망간, 산화동 등이 사용된다.

1.5.2 열전효과

톰슨(Thomson) 효과, 펠티에(Peltier) 효과, 제베크(Seebeck) 효과와 같이 열과 전기의 관계로 나타나는 각종 효과를 총칭하여 열전효과라고 한다.

(1) 제베크(Seebeck) 효과

이 현상은 1821년에 독일의 제베크(Seebeck)가 실험적으로 발견한 것으로 두 종류의 금속선을 접속해서 폐회로를 만들고 그 두 접합부를 서로 다른 온도로 유지하면 회로에 전류가 흐른다. 금속선의 조합에 의해서는 전류의 방향이 변한다.

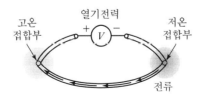

[그림 1-22] 제베크 효과

(2) 펠티에(Peltier) 효과

이 현상은 1834년에 프랑스의 펠티에(Peltier)가 발견한 것으로 열전대에 전류를 흐르게 했을 때, 전류에 의해 발생하는 줄열 외에도 열전대의 각 접점에서 발열 혹은 흡열 작용이 일어난 현상을 말한다. 이렇게 두 금속의 접합점에서 한쪽은 열이 발생하고, 다른 쪽은 열을 빼앗기는 현상을 이용하여 냉각도 할 수 있고, 가열도 할 수 있으며, 이러한 특성이 냉동기나 항온조 제작에 사용된다.

[그림 1-23] 펠티에 효과

(3) 톰슨(Thomson) 효과

이 현상은 1851년에 영국의 톰슨(Thomson)이 발견한 것으로 동일한 금속에서 부분적인 온도차가 있을 때 전류를 흘리면 발열 또는 흡열이 일어나는 현상을 말한다.

① 부(−) 톰슨 효과 : 만약 저온에서 고온부로 전류 → 흡열(예 Pt, Ni, Fe)
② 정(+) 톰슨 효과 : 만약 고온에서 저온부로 전류 → 발열(예 Cu, Sb)

2장 정전기회로

2.1 쿨롱의 법칙

2.1.1 두 전하 사이에 작용하는 힘

1785년 쿨롱(Coulomb, Charles Augustin de)은 비틀림 저울을 이용하여 전기력의 크기를 측정하였다. 비틀림 저울에서 두 금속구 사이의 전기력에 의하여 수정실이 비틀리게 되는데, 수정실의 비틀린 정도를 측정하여 전기력의 크기를 알 수 있었다.

[그림 2-1] 비틀림 저울을 이용한 전기력 측정 실험

대전된 물체를 가까이하면 미는 힘이든 잡아당기는 힘이든 어떤 힘이 작용하게 된다. 이때 같은 극성으로 대전된 물체에는 반발력이, 다른 극성으로 대전된 물체에는 흡인력이 작용한다. 대전된 물체의 극성은 양(+), 음(−)의 두 종류가 있다.

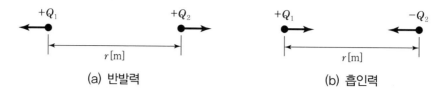

(a) 반발력   (b) 흡인력

[그림 2-2] 두 점전하 사이에 작용하는 힘

[그림 2-2]에서 진공 중에 놓여 있는 두 점전하 Q_1, Q_2 사이에 작용하는 힘 F의 크기는 두 전하가 가지고 있는 전하량의 Q_1, Q_2의 곱에 비례하고, 전하 사이의 거리 r 의 제곱에 반비례한다. 이것을 쿨롱의 법칙(Coulomb's law)이라 한다.

$$F = k\frac{Q_1 Q_2}{r^2} \text{[N]} \cdots\cdots (2\text{-}1)$$

여기서, Q_1, Q_2 : 대전된 물체의 전기량이며 단위는 [C]

k : 쿨롱 상수(비례상수)

r : 대전된 물체의 거리이며 단위는 [m]

전하가 힘을 받는 공간을 전기장이라 하며 전기장을 가했을 때 전하가 얼마나 편극되는지를 나타내는 척도를 유전율이라 한다. 즉, 유전율이란 전하를 얼마나 꾀어내는지를 나타내는 비율이라고 할 수 있다. 유전율 기호는 ε, 단위는 [F/m]를 사용한다.

진공 상태에서 유전율을 ε_0라고 하며 진공 상태에서 전기장을 가했을 때 쿨롱의 힘(정전기력)의 크기는

$$F = \frac{1}{4\pi\varepsilon_0} \frac{Q_1 Q_2}{r^2} \text{[N]} \cdots\cdots (2\text{-}2)$$

로 나타낸다.

MKS 단위계에서는 진공 중에 서로 같은 양의 두 점전하를 1[m] 거리에 놓았을 때 작용하는 힘이 9×10^9[N]이 되는 전하를 1쿨롱(Coulomb, [C])이라고 정의하였다.

이 정의에 의하여 $Q_1 = Q_2 = 1$[C], $r = 1$[m]일 때 $F = 9 \times 10^9$[N]이 되므로 $k = 9 \times 10^9$이 된다.

따라서 $\dfrac{1}{4\pi\varepsilon_0} = 9 \times 10^9$이므로 진공 중의 유전율은

$$\varepsilon_0 = \frac{1}{4\pi \times 9 \times 10^9} = 8.855 \times 10^{-12} \text{[F/m]} \cdots\cdots (2\text{-}3)$$

이 된다.

유전율 ε인 유전체 중에서의 정전기력의 크기는

$$F = \frac{1}{4\pi\varepsilon}\frac{Q_1 Q_2}{r^2} = \frac{1}{4\pi\varepsilon_0\varepsilon_s}\frac{Q_1 Q_2}{r^2} = 9 \times 10^9 \times \frac{Q_1 Q_2}{\varepsilon_s r^2}\,[\text{N}] \quad\cdots\cdots\cdots\cdots\cdots\cdots\cdots\cdots (2\text{-}4)$$

로 나타낼 수 있다.

여기서, ε : 어떤 물체의 유전율(dielectric constant 또는 permittivity) $\varepsilon = \varepsilon_0\varepsilon_s\,[\text{F/m}]$

ε_0 : 진공 중의 유전율(vacuum permittivity) $\varepsilon_0 = \dfrac{1}{4\pi \times 9 \times 10^9} \fallingdotseq 8.85 \times 10^{-12}$

ε_s : 비유전율(specific dielectric constant)

진공 중에서 비유전율 $\varepsilon_s = 1$

공기 중에서 비유전율 $\varepsilon_s = 1.00059$(실용상 진공과 같게 취급)

[표 2-1] 여러 가지 물질의 비유전율

물질	ε_s	물질	ε_s
공기	1.00059	절연니스	5~6
유리	3.8~10	절연유	2.2~2.4
운모	4.5~7.5	베이클라이트	5.1~9.9
종이	2~2.5	규소수지	3.1~3.2
사기	4.4~6.8	산화티탄	88~183

+ 예제 2-1 공기 중에 $10[\mu\text{C}]$과 $20[\mu\text{C}]$의 두 전하가 $1[\text{m}]$ 간격으로 놓여 있을 때, 작용하는 정전기력[N]을 구하여라.

풀이 $F = 9 \times 10^9 \cdot \dfrac{Q_1 Q_2}{r^2} = 9 \times 10^9 \times \dfrac{10 \times 10^{-6} \times 20 \times 10^{-6}}{1^2} = 1.8[\text{N}]$

+ 예제 2-2 동일한 크기의 두 점전하가 진공 중에서 $1[\text{m}]$ 떨어져 있을 때 작용하는 힘이 $9 \times 10^9[\text{N}]$이면 이 전하의 전기량[C]은 얼마인지 구하여라.

풀이 $F = 9 \times 10^9 \times \dfrac{Q_1 Q_2}{r^2}$ 에서 $9 \times 10^9 = 9 \times 10^9 \times \dfrac{Q^2}{1^2}$

따라서 $Q = 1[\text{C}]$

2.2 전기장

2.2.1 전기장의 세기

대전된 물체 주위에 전하를 놓으면 쿨롱(Coulomb)의 법칙에 따른 전기력이 작용한다. 이와 같이 대전체에 전기력이 작용하는 공간을 전계 또는 전기장(electric field)이라 한다.

전기장 내의 한 점에 단위 정전하 +1[C]을 놓았을 때 단위 정전하가 움직이는 방향을 전장의 방향으로 정의한다.

[그림 2-3] 전기장의 세기

[그림 2-3]에서 작용하는 힘은 쿨롱의 법칙에 따라 $F = \dfrac{1}{4\pi\varepsilon_0} \cdot \dfrac{Q \times 1}{r^2}$ 이 된다.

단위 정전하 +1[C]에 작용하는 힘을 전장의 세기라고 정의하며 기호는 E를 사용한다. 따라서 전장의 세기는

$$E = \frac{1}{4\pi\varepsilon_0} \cdot \frac{Q}{r^2} [\text{N/C}], \ [\text{V/m}] \quad\cdots\cdots\cdots\cdots\cdots\cdots\cdots\cdots\cdots\cdots\cdots\cdots\cdots (2\text{-}5)$$

로 나타낼 수 있다.

전기장 내에 Q[C]의 크기를 가지는 또 하나의 전하를 놓으면, 여기에 작용하는 힘 F[N]은 다음 식으로 표시된다.

$$F = QE [\text{N}] \quad\cdots\cdots\cdots\cdots\cdots\cdots\cdots\cdots\cdots\cdots\cdots\cdots\cdots\cdots\cdots\cdots\cdots\cdots\cdots\cdots (2\text{-}6)$$

여기에서 전장의 세기 E에 관해 정리하면 $E = \dfrac{F}{Q}$ 가 된다. 따라서 전장의 세기 단위는 [N/C]을 쓸 수 있다.

＋ 예제 2-3 진공 중에 1.5×10^{-7}[C]의 점전하가 놓여 있을 때, 이로부터 80[cm]의 거리에 있는 점 P에서 전기장의 세기[V/m]를 구하여라.

풀이 $E = \dfrac{1}{4\pi\varepsilon_0} \cdot \dfrac{Q}{r^2} = 9 \times 10^9 \times \dfrac{1.5 \times 10^{-7}}{0.8^2} \fallingdotseq 16.8 \times 10^3 [\text{V/m}]$

+ 예제 2-4 전기장의 세기가 50[V/m]인 전기장 내에서 5[μC]의 전하를 놓았을 때, 이 전하에 작용하는 힘[N]을 구하여라.

풀이 $F = QE = 5 \times 10^{-6} \times 50 = 25 \times 10^{-5}$[N]

2.3 전기력선

2.3.1 전기력선의 성질

전기력선이란 전기장 안에서 전기력선의 세기와 방향을 나타내는 가상의 곡선을 말하며, 다음과 같은 성질을 갖는다.

① 전기력선은 양(+)전하에서 시작해 음(−)전하에서 끝난다.
② 전기력선의 접선 방향은 그 점에서의 전기장의 방향과 같다.
③ 전기력선의 밀도는 그 점에서의 전기장의 세기와 같다.
④ 전기력선은 전위가 높은 점에서 낮은 점으로 향한다.
⑤ 전기력선은 그 자신만으로 폐곡선을 이루지 않는다.
⑥ 두 전기력선은 서로 반발하며 교차하지 않는다.
⑦ 전기력선은 도체 표면에 수직으로 출입하며 도체 내부에는 전기력선이 없다.
⑧ 전기력선은 등전위면과 수직으로 교차한다.

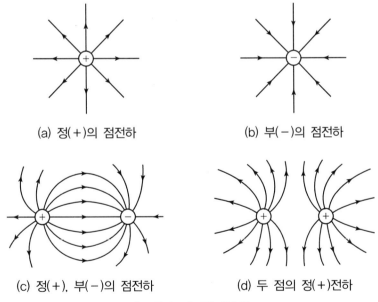

(a) 정(+)의 점전하　　　　　(b) 부(−)의 점전하

(c) 정(+), 부(−)의 점전하　　　　　(d) 두 점의 정(+)전하

[그림 2-4] 전기력선

+ 예제 2-5 전기력선의 접선 방향은 그 점에서의 무엇의 방향인가?

[답] 전기장의 방향

2.3.2 전기장의 세기와 전기력선의 관계

전기력선에 수직되는 단위면적을 통과하는 전력선 수, 즉 전기력선 밀도를 그 점에서의 전기장의 세기와 같도록 하였다. 따라서 전기장 내에 수직인 단면적 $A[\text{m}^2]$를 통과하는 전기력선의 수를 N이라 하면 전기장의 세기 E는

$$E = \frac{N}{A}[\text{V/m}] \quad\cdots\cdots\cdots\cdots\cdots\cdots\cdots\cdots\cdots\cdots\cdots\cdots\cdots\cdots\cdots (2\text{-}7)$$

로 나타낼 수 있다.

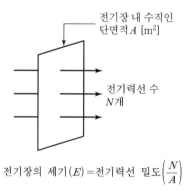

전기장의 세기(E)=전기력선 밀도$\left(\dfrac{N}{A}\right)$

[그림 2-5] 전기장의 세기와 전기력선 밀도의 관계

+ 예제 2-6 전기장 내의 수직 단면적이 $5[\text{m}^2]$이고 통과한 전기력선의 수가 $15[개]$라면 전기장의 세기는 얼마인지 구하여라.

풀이 $E = \dfrac{N}{A}$에서 $E = \dfrac{15}{5} = 3[\text{V/m}]$

2.3.3 가우스의 정리

가우스의 정리는 전하와 전기력의 관계를 나타낸다. 모든 폐곡면에서 나가는 전기력선의 수는 그 폐곡면에 포함된 전하의 총합의 $\dfrac{1}{\varepsilon}$배와 같다. 여기서 ε은 전하 주위 매질의 유전율이다. 전기장의 세기는 점전하를 대상으로 한 쿨롱의 법칙을 토대로 계산한다. 그런데 전하분포가 복잡한 경우에는 이를 그대로 적용하여 계산하기 어렵기 때문에 쿨롱의 법칙을 일반화한 가우스 정리를 적용하여 계산하는 것이 편리한 경우가 많다.

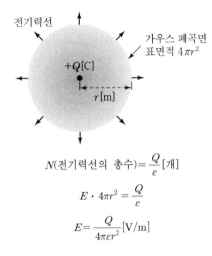

$$N(\text{전기력선의 총수}) = \frac{Q}{\varepsilon}[\text{개}]$$

$$E \cdot 4\pi r^2 = \frac{Q}{\varepsilon}$$

$$E = \frac{Q}{4\pi\varepsilon r^2}[\text{V/m}]$$

[그림 2-6] 가우스 정리

+ 예제 2-7 유전율이 ε인 임의의 폐곡면에서 총전기량이 $Q[\text{C}]$이라면 이 폐곡면에서 나오는 전기력선의 총수를 구하여라.

풀이 가우스의 정리에 의해 $\dfrac{Q}{\varepsilon}$개이다.

2.4 전속

2.4.1 전속의 성질

전기장의 세기와 전기력선의 관계에서 Q[C]의 전하에 출입하는 전기력선의 총수는 주위 매질의 종류에 따라 달라진다. 즉, 유전율 ε의 유전체 중에서는 $\dfrac{Q}{\varepsilon}$개가 된다. 그러나 여기서는 유전체 내에서 주위 매질의 종류, 즉 유전율 ε에 관계없이 Q[C]의 전하에서 Q개의 역선(力線, line of force)이 나온다고 가정하여 이것을 전속(dielectric flux, ϕ) 또는 유전속이라 하며, 전속의 단위는 전하와 같은 쿨롱(coulomb, [C])을 사용한다.

전속은 다음과 같은 성질이 있다.
① 전속은 양전하에서 나와 음전하에서 끝난다.
② 전속이 나오는 곳 또는 끝나는 곳에는 전속과 같은 전하가 있다.
③ Q[C]의 전하로부터는 Q[C]개의 전속이 나온다.
④ 전속은 도체에 출입하는 경우 그 표면에 수직이 된다.

+ 예제 2-8 매질의 유전율이 ε인 경우 유전체 내에 있는 전하 Q에서 나오는 전기력선 수와 전속 수를 구하여라.

풀이 전기력선의 수 : $\dfrac{Q}{\varepsilon}$, 전속의 수 : Q[C]

2.4.2 전속밀도

단위 면적을 통과하는 전속(ϕ)을 전속밀도(dielectric flux density)라 하고, 기호 D로 나타내며, 단위는 [C/m^2]를 사용한다.

$$D = \frac{\phi}{A} \, [\text{C/m}^2] \cdots\cdots\cdots\cdots\cdots\cdots\cdots\cdots\cdots\cdots\cdots\cdots\cdots\cdots\cdots\cdots\cdots\cdots (2\text{-}8)$$

[그림 2-7]과 같이 점전하 Q[C]으로부터 거리 r[m]만큼 떨어진 점 P의 전속밀도 D를 구하면, 전속은 Q개이고, 구의 표면적 $A = 4\pi r^2$[m^2]이므로

$$D = \frac{\phi}{A} = \frac{Q}{4\pi r^2} \, [\text{C/m}^2] \cdots\cdots\cdots\cdots\cdots\cdots\cdots\cdots\cdots\cdots\cdots\cdots\cdots\cdots (2\text{-}9)$$

가 된다.

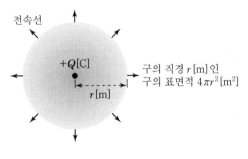

[그림 2-7] 전속밀도

+ 예제 2-9   공기 중에 놓여 있는 2[C]의 점전하로부터 60[cm] 떨어진 점에서의 전속밀도 [C/m²]를 구하여라.

풀이   전속밀도 $D = \dfrac{Q}{4\pi r^2} = \dfrac{2}{4\pi \times 0.6^2} \fallingdotseq 0.442[\mathrm{C/m^2}]$

2.4.3   전기장의 세기(E)와 전속밀도(D)의 관계

점전하 $Q[\mathrm{C}]$으로부터 반지름 $r[\mathrm{m}]$만큼 떨어진 구 표면의 전속밀도(D)는 식 (2-9)에서 $D = \dfrac{Q}{4\pi r^2}[\mathrm{C/m^2}]$이고, 구 표면의 전기장의 세기($E$)는 가우스의 정리 $E = \dfrac{N}{A}$에서 전기력선의 수 $N = \dfrac{Q}{\varepsilon}$개이고, $A = 4\pi r^2$이므로 $E = \dfrac{Q}{4\pi\varepsilon r^2}[\mathrm{V/m}]$가 된다.

따라서 전속밀도와 전기장의 세기의 관계를 다음과 같이 표시할 수 있다.

$$D = \varepsilon E = \varepsilon_0 \varepsilon_s E[\mathrm{C/m^2}] \quad \cdots\cdots\cdots\cdots\cdots\cdots\cdots\cdots\cdots\cdots\cdots\cdots\cdots\cdots\cdots\cdots\cdots\cdots \text{(2-10)}$$

+ 예제 2-10   비유전율이 2.5인 유전체 내부의 전속밀도가 $2 \times 10^{-6}[\mathrm{C/m^2}]$ 되는 점의 전기장의 세기를 구하여라.

풀이 $E = \dfrac{D}{\varepsilon} = \dfrac{D}{\varepsilon_0 \varepsilon} = \dfrac{2 \times 10^{-6}}{2.5 \times 8.85 \times 10^{-12}} = 9 \times 10^4[\mathrm{V/m}]$

2.5 전위

2.5.1 전위의 성질

전위란 단위 양전하를 임의의 기준점으로부터 전기장 내의 특정한 점까지 가져오는 데 필요한 일의 양이다. 일반적으로 임의의 기준점은 전기장을 발생시키는 전하의 영향이 전혀 없는 곳으로 전기회로에서는 지구가 전위 계산의 기준점이다. 전기장의 세기가 0인 무한원점으로부터 전기장의 세기에 비례한 정전력에 역행하여 단위 정전하($+1$[C])를 운반하면 운반에 필요한 일만큼 위치 에너지의 증가가 일어난다. 이 위치 에너지는 전기장의 원천이 되는 전하에 대한 위치만으로 결정된다.

이와 같이 전기장 내에 있는 전하는 에너지를 가지게 되는데, 한 점에서 단위 정전하가 가지는 위치 에너지를 전위(electric potential)라 하고 [V], [J/C]의 단위로 표시한다.

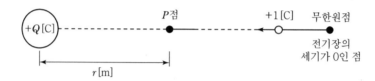

[그림 2-8] 전위

[그림 2-8]에서 점전하 Q[C]으로부터 r[m] 떨어진 P점의 전위 V는

$$V = \frac{Q}{4\pi\varepsilon r} = 9 \times 10^9 \times \frac{Q}{r} \text{[V]} \quad\text{(2-11)}$$

이 된다.

그리고 전기장의 세기 $E = \dfrac{Q}{4\pi\varepsilon r^2}$ 와 전위 $V = \dfrac{Q}{4\pi\varepsilon r}$ 의 식에서 전위와 전기장의 세기의 관계는

$$V = E \cdot r \text{ 또는 } E = \frac{V}{r} \quad\text{(2-12)}$$

로 나타낼 수 있다.

+ 예제 2-11 4×10^{-6}[C]인 전하에서 10[m] 떨어진 점의 전위를 구하여라.

풀이 $V = 9 \times 10^9 \times \dfrac{Q}{r} = 9 \times 10^9 \times \dfrac{4 \times 10^{-6}}{10} = 3,600$[V]

2.5.2 등전위면의 성질

전기장 내의 모든 점에 대해서 전위를 구했을 때 전위가 같은 점을 연결하면 하나의 면이 생긴다. 이 면을 등전위면(equipotential surface)이라 하며 다음과 같은 성질이 있다.

① 등전위면은 서로 교차하지 않는다.

② 등전위면의 간격이 좁을수록 전기장의 세기가 크다.

③ 등전위면은 전기력선과 항상 수직으로 교차한다.

④ 등전위면을 따라 전하를 운반하는 데 필요한 일은 항상 0이다.

⑤ 등전위면에서 전기장의 방향은 전위가 높은 곳에서 낮은 곳으로 향한다.

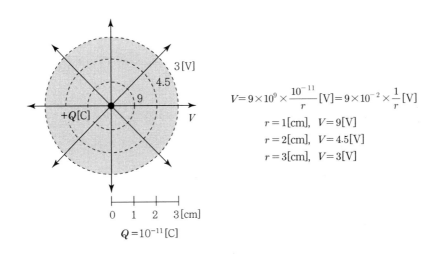

$$V = 9 \times 10^9 \times \frac{10^{-11}}{r} [\text{V}] = 9 \times 10^{-2} \times \frac{1}{r} [\text{V}]$$

$$r = 1[\text{cm}], \quad V = 9[\text{V}]$$

$$r = 2[\text{cm}], \quad V = 4.5[\text{V}]$$

$$r = 3[\text{cm}], \quad V = 3[\text{V}]$$

[그림 2-9] 등전위면

+ 예제 2-12 등전위면을 따라 전하 f를 운반한다고 할 때 필요한 일의 양은 몇 [J]인지 구하여라.

풀이 전위가 같기 때문에 0[J]이 된다.

2.6 정전용량

물체가 전하를 축적하는 능력을 나타내는 물리량을 그 도체의 정전용량(electrostatic capacity 또는 capacitance)이라 하며 전하를 저장하는 장치를 축전지(condenser 또는 capacitor)라 한다.

도체에 축적되는 전하량 Q는 도체에 인가한 전위 V에 비례한다. 이때 비례상수를 C라 하면

$$Q = CV\,[\mathrm{C}] \quad\text{(2-13)}$$

의 관계가 성립한다. 이 식을 비례상수 C에 대해서 정리하면

$$C = \frac{Q}{V}\,[\mathrm{F}] \quad\text{(2-14)}$$

가 된다. 여기서 비례상수 C를 커패시턴스 또는 정전용량이라 하고 정전용량의 단위는 패럿(farad, [F])을 사용하며, 보조단위는 $1[\mu\mathrm{F}] = 10^{-6}[\mathrm{F}]$, $1[\mathrm{pF}]$(pico farad) $= 10^{-12}[\mathrm{F}]$이 많이 사용된다.

+ 예제 2-13 정전용량 $5[\mu\mathrm{F}]$인 콘덴서 양단에 $10[\mathrm{V}]$의 전압을 인가하면 콘덴서에 축적된 전기량은 얼마인지 구하여라.

풀이 $Q = CV$에서 $Q = 5 \times 10^{-6} \times 10 = 5 \times 10^{-5}[\mathrm{C}]$이 된다.

2.6.1 구도체의 정전용량

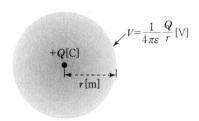

[그림 2-10] 구도체의 정전용량

[그림 2-10]과 같이 반지름 $r[\mathrm{m}]$인 구도체에 $+Q[\mathrm{C}]$의 전하를 줄 때 구도체의 전위 V는 $V = \dfrac{1}{4\pi\varepsilon}\dfrac{Q}{r}[\mathrm{V}]$이므로 구도체의 정전용량 C는

$$C = \frac{Q}{V} = \frac{Q}{\dfrac{Q}{4\pi\varepsilon r}} = 4\pi\varepsilon r\,[\mathrm{F}] \quad\text{(2-15)}$$

가 된다.

+ 예제 2-14 진공 중에 있는 반지름이 5[mm]인 구도체를 20[V]로 인가하니 10[C]의 전기량이 축적되었다. 이 구도체의 정전용량은 얼마인지 구하여라.

풀이 $C = \dfrac{Q}{V} = \dfrac{Q}{\dfrac{Q}{4\pi\varepsilon r}} = 4\pi\varepsilon r$ 에서

$C = 4\pi\varepsilon_0 r = 4 \times 3.14 \times 8.85 \times 10^{-12} \times 5 \times 10^{-3} = 0.56[\text{pF}]$

2.6.2 평행판 도체의 정전용량

두 개의 도체 사이에 전하를 축적하는 전기 장치를 콘덴서(condenser)라 하고, 콘덴서가 전하를 축적하는 능력을 정전용량(기호 C, 단위 [F])이라고 한다.

콘덴서의 정전용량 C[F]은 유전체의 유전율 ε[F/m]와 전극의 면적 S[m^2]에 비례하고 전극 사이의 거리 d[m]에 반비례한다.

$$C = \varepsilon \frac{S}{d} [\text{F}] \quad \cdots\cdots\cdots\cdots\cdots\cdots\cdots\cdots\cdots\cdots\cdots\cdots\cdots\cdots\cdots\cdots\cdots (2\text{-}16)$$

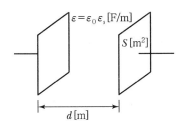

[그림 2-11] 콘덴서의 정전용량

+ 예제 2-15 평행판 콘덴서에서 전극의 반지름이 20[cm]인 원판으로 되고, 전극 간격이 2[mm]이며 유전체의 비유전율(ε_s)은 4이다. 이 콘덴서의 정전용량[μF]은 얼마인지 구하여라.

풀이 $C = \dfrac{\varepsilon_0 \varepsilon_s S}{d}$ [F]에서 $\varepsilon_0 = \dfrac{1}{4\pi \times 9 \times 10^9} \fallingdotseq 8.85 \times 10^{-12}$

반지름 r[m] 원판의 면적 $S = \pi r^2$[m^2]에서

$C = \dfrac{8.85 \times 10^{-12} \times 2 \times \pi \times 0.2^2}{2 \times 10^{-3}} \fallingdotseq 1.11 \times 10^{-9}[\mu\text{F}]$

2.7 콘덴서의 접속

2.7.1 콘덴서의 직렬 접속

[그림 2-12]와 같이 두 개 이상의 콘덴서를 종으로 연결하는 방식을 직렬 접속이라 한다. a, b 두 단자에 전압 $V[\text{V}]$를 가하면 각 콘덴서의 두 극판에는 $+Q$, $-Q$의 두 전하가 충전된다.

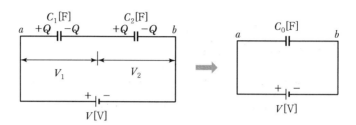

[그림 2-12] 콘덴서의 직렬 접속

C_1과 C_2 콘덴서에 가해지는 전압을 각각 V_1, $V_2[\text{V}]$라 하면

$$V_1 = \frac{Q}{C_1}[\text{V}], \quad V_2 = \frac{Q}{C_2}[\text{V}]$$

가 되고, 각 콘덴서에 가해진 전압의 합은 전원전압 $V[\text{V}]$와 같으므로 합성 정전용량을 $C[\text{F}]$이라 하면

$$V = V_1 + V_2 = \frac{Q}{C_1} + \frac{Q}{C_2} = Q\left(\frac{1}{C_1} + \frac{1}{C_2}\right) = \frac{Q}{C_0}[\text{V}]$$

로 표시할 수 있다. 따라서 콘덴서의 전체 합성 정전용량 $C_0[\text{F}]$은

$$C_0 = \frac{Q}{V} = \frac{1}{\dfrac{1}{C_1} + \dfrac{1}{C_2}} = \frac{C_1 C_2}{C_1 + C_2}[\text{F}] \quad\cdots\cdots\cdots\cdots\cdots\cdots\cdots\cdots\cdots\cdots\cdots\cdots\cdots\cdots (2\text{-}17)$$

이 된다.

각 콘덴서에 분배되는 전압은

$$V_1 = \frac{Q}{C_1} = \frac{\dfrac{C_1 C_2}{C_1 + C_2}V}{C_1} = \frac{C_2}{C_1 + C_2}V[\text{V}] \quad\cdots\cdots\cdots\cdots\cdots\cdots\cdots\cdots\cdots\cdots (2\text{-}18)$$

$$V_2 = \frac{Q}{C_2} = \frac{\dfrac{C_1 C_2}{C_1 + C_2} V}{C_2} = \frac{C_1}{C_1 + C_2} V [\text{V}] \quad \cdots\cdots\cdots\cdots\cdots\cdots\cdots (2\text{-}19)$$

가 된다.

+ 예제 2-16 $10[\mu\text{F}]$과 $20[\mu\text{F}]$인 콘덴서를 직렬로 접속하였다. 합성 정전용량 $C[\mu\text{F}]$을 구하여라.

풀이 $C = \dfrac{C_1 \times C_2}{C_1 + C_2} = \dfrac{10 \times 20}{10 + 20} = 6.67[\mu\text{F}]$

+ 예제 2-17 $20[\mu\text{F}]$과 $30[\mu\text{F}]$인 콘덴서를 직렬로 접속하고 양단에 $100[\text{V}]$의 전압을 인가하였을 때 $20[\mu\text{F}]$ 양단에 걸리는 전압 V_1을 구하여라.

풀이 $V_1 = \dfrac{C_2}{C_1 + C_2} V = \dfrac{30}{20 + 30} \times 100 = 60[\text{V}]$

2.7.2 콘덴서의 병렬 접속

[그림 2-13]과 같이 두 개 이상의 콘덴서를 횡으로 연결하는 방식을 병렬 접속이라 한다.

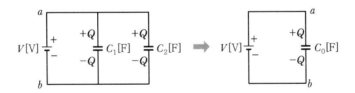

[그림 2-13] 콘덴서의 병렬 접속

두 단자 a, b 사이에 전압 $V[\text{V}]$를 가할 때 각 콘덴서에 축적되는 전하를 각각 Q_1, $Q_2[\text{C}]$라 하면

$Q_1 = C_1 V[\text{C}], \ Q_2 = C_2 V[\text{C}]$

이 되고, 각 콘덴서에 가해진 전하량의 합은 전체 전하량과 같으므로

$Q = Q_1 + Q_2 = C_1 V + C_2 V = C_0 V[\text{C}]$

으로 나타낼 수 있다. 콘덴서의 전체 합성 정전용량을 $C_0 [\text{F}]$이라 하면

$$C_0 = \frac{Q}{V} = C_1 + C_2 [\text{F}] \quad \cdots\cdots\cdots\cdots\cdots\cdots\cdots\cdots\cdots\cdots\cdots\cdots \quad (2\text{-}20)$$

이 되므로 각 콘덴서에 분배되는 전하량 Q_1, Q_2 는

$$Q_1 = C_1 \cdot \frac{Q}{C_1 + C_2} = \frac{C_1}{C_1 + C_2} Q [\text{C}] \quad \cdots\cdots\cdots\cdots\cdots\cdots\cdots \quad (2\text{-}21)$$

$$Q_2 = C_2 \cdot \frac{Q}{C_1 + C_2} = \frac{C_2}{C_1 + C_2} Q [\text{C}] \quad \cdots\cdots\cdots\cdots\cdots\cdots\cdots \quad (2\text{-}22)$$

가 된다.

+ 예제 2-18 콘덴서를 그림과 같이 접속했을 때 단자 a, b 간의 합성 정전용량[μF]을 구하여라.

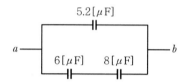

풀이 $\quad C = C_1 + \dfrac{C_2 C_3}{C_2 + C_3} = 5.2 + \dfrac{6 \times 8}{6 + 8} \fallingdotseq 8.63 [\mu\text{F}]$

2.8 유전체 내의 정전 에너지

2.8.1 정전 에너지

콘덴서에 전하가 축적되면 일을 할 수 있는 에너지가 축적되는데, 이를 정전 에너지(electro-static energy)라 한다.

임의의 도체에 전하량 $Q[\text{C}]$을 축적시키기 위해서는 일이 필요하게 되는데, 이때 한 일의 크기는

$$W = \frac{1}{2}\frac{Q^2}{C}[\text{J}] \quad\cdots\cdots\cdots\cdots\cdots\cdots\cdots\cdots\cdots\cdots\cdots\cdots\cdots\cdots\cdots\cdots\cdots\cdots (2\text{-}23)$$

이 된다.

위 식에 $Q = CV$를 대입하면 식 (2-24)와 같이 나타낼 수 있다.

$$W = \frac{1}{2}\frac{Q^2}{C} = \frac{1}{2}CV^2 = \frac{1}{2}QV[\text{J}] \quad\cdots\cdots\cdots\cdots\cdots\cdots\cdots\cdots\cdots\cdots\cdots\cdots (2\text{-}24)$$

+ 예제 2-19 어떤 콘덴서에 100[V]의 전압을 가할 때 전하량 250[μC]이 축적되었다. 이때의 정전 에너지[J]를 구하여라.

풀이 $W = \dfrac{1}{2}QV = \dfrac{1}{2} \times 250 \times 10^{-6} \times 100 = 125 \times 10^{-4}[\text{J}]$

+ 예제 2-20 5[μF]의 콘덴서에 6×10^{-4}[C]의 전하를 축적할 때의 정전 에너지[J]를 구하여라.

풀이 $W = \dfrac{Q^2}{2C} = \dfrac{(6 \times 10^{-4})^2}{2 \times 5 \times 10^{-6}} = 0.6 \times 10^{-2}[\text{J}]$

2.8.2 정전 흡인력

평행 평판 콘덴서의 정전용량 C인 두 극판 사이의 전위차 $V[\text{V}]$ 및 전계의 세기 $E[\text{V/m}]$, 간격 $d[\text{m}]$, 면적 $A[\text{m}^2]$, 유전율을 ε이라고 하면

$$E = \frac{V}{d}[\text{V}], \quad C = \varepsilon\frac{A}{d}[\text{F}] \quad\cdots\cdots\cdots\cdots\cdots\cdots\cdots\cdots\cdots\cdots\cdots\cdots\cdots\cdots (2\text{-}25)$$

따라서 평행 평판 콘덴서의 정전 에너지 W_c는

$$W_c = \frac{1}{2}CV^2 = \frac{1}{2} \cdot \varepsilon \frac{s}{d} \cdot (E \cdot d)^2 = \frac{1}{2}\varepsilon E^2 Ad[\text{J}] \cdots\cdots\cdots\cdots\cdots\cdots\cdots (2\text{-}26)$$

이 된다.

$D = \varepsilon E = \varepsilon_0 \varepsilon_s E[\text{C/m}^2]$이므로 단위체적[m³]당 축적되는 에너지는

$$w = \frac{1}{2}\varepsilon E^2 = \frac{1}{2}\varepsilon E \cdot E = \frac{1}{2}DE = \frac{1}{2}\frac{D^2}{\varepsilon}[\text{J/m}^3] \cdots\cdots\cdots\cdots\cdots\cdots (2\text{-}27)$$

이 된다.

콘덴서가 충전되면 양 극판 사이의 양(+)전하와 음(−)전하에 의하여 흡인력 F가 발생한다. 따라서 흡인력 F는

$$F = \frac{1}{2}\varepsilon E^2 A[\text{N}] \cdots\cdots\cdots\cdots\cdots\cdots\cdots\cdots\cdots\cdots\cdots\cdots\cdots\cdots\cdots (2\text{-}28)$$

이 되고, 단위면적[m²]당 정전계의 흡인력을 F_0라고 하면

$$F_0 = \frac{1}{2}\varepsilon E^2 = \frac{1}{2}\varepsilon\left(\frac{V}{d}\right)^2[\text{N/m}^2] \cdots\cdots\cdots\cdots\cdots\cdots\cdots (2\text{-}29)$$

가 된다.

+ 예제 2-21 전장의 세기가 100[V/m]인 곳에 유전율이 2.5인 도체가 있을 때 정전 흡인력은 얼마인지 구하여라.

풀이 $F_0 = \frac{1}{2}\varepsilon E^2$에서 $F_0 = \frac{1}{2}\varepsilon E^2 = \frac{1}{2}\times 2.5 \times 100^2 = 1.2 \times 10^4[\text{N/m}^2]$

3장 자기회로

3.1 자기현상

3.1.1 자석의 성질

철편을 끌어당기는 성질을 가진 물질을 자철광(Fe_3O_4)이라 하며 이러한 성질을 **자기**(magnetism)라고 한다. 자기를 띠고 있는 물체를 **자석**이라고 하며 자석의 맨 끝을 **자극**(magnetic pole)이라 하고 자극에서 자기가 가장 강하다.

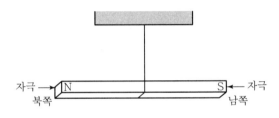

[그림 3-1] 자석의 자극

막대자석을 수평으로 매달면 북쪽과 남쪽을 가리키는데, 북쪽을 가리키는 극을 N극($+$극), 남쪽을 가리키는 극을 S극($-$극)이라 한다. 자석은 N극과 S극이 상으로 존재하며 분리할 수 없다.

양극이 가지는 자하량(magnetic charge) 또는 자기량은 같으며 같은 극 간에는 반발력이 작용하고 다른 극과는 흡인력이 발생한다. 자극의 세기 기호는 m, 그 단위는 [Wb]를 사용한다. 따라서 N극은 $+m$[Wb], S극은 $-m$[Wb]로 표기한다.

+ 예제 3-1 철편을 끌어당기는 성질인 자기를 가진 물체를 자석이라고 하는데, 자석에서 자기의 힘이 가장 강한 곳은 어디인가?

[답] 물체의 양끝(자극)

3.1.2 자기유도 및 자기차폐

강한 자기장 속에 쇠못을 넣으면 이 쇠못도 자석의 성질을 갖게 된다. 자기장 속에 넣은 쇠못이 자석이 되는 것을 자화(magnetize)라고 한다. 자석에 붙은 쇠못에는 자석의 극에서 먼 쪽 끝에 쇠못이 붙어 있는 자석과 같은 종류의 극이 생김을 알 수 있다. 이와 같이 자기장 안에 놓인 철로 된 물체가 자화되어 N극과 S극이 생기는 현상을 자기유도(magnetic induction)라고 하고, 이렇게 자화되는 물질을 자성체(magnetic material)라 한다.

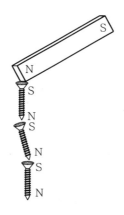

[그림 3-2] 자기유도

이때 물질에 따라 자화되는 정도가 다르며, 그 정도에 따라 강자성체, 상자성제, 반자성체로 구별한다.

① 강자성체 : Fe, Ni, Co 및 이들의 합금(permalloy, mumetal 등)

② 상자성체 : Al, Mn, Pt, W, O_2 등

③ 역자성체 : Bi, C, Cu, Si, Ge, S, H_2, He 등

자기차폐란 자기의 영향을 받지 않기 위해 강자성 재료를 이용하여 전기 기기의 일부 또는 전부를, 이것을 둘러싼 외계와 자기적으로 차폐하는 것으로, 완전한 차폐는 곤란하다.

＋ 예제 3-2 철편을 자기를 가진 물체에 가까이하면 자화가 되는데, 이러한 현상을 무엇이라 하는가?

[답] 자기유도

3.2 쿨롱의 법칙

3.2.1 쿨롱의 법칙의 이해

자극 사이에 작용하는 힘을 양적으로 계산할 때 쿨롱의 법칙이 이용된다. 자석은 N극과 S극을 분리할 수 없으므로 힘을 측정하는 데 한 자석의 양극이 서로 영향을 미치지 않게 매우 가늘고 긴 자석을 가정하여 생각한다. 이러한 조건을 만족하는 자극을 점자극(point magnetic pole)이라 한다.

[그림 3-3] 점자극

(a) 반발력   (b) 흡인력

[그림 3-4] 두 자극 사이에 작용하는 힘

[그림 3-4]에서 진공 중에 놓여 있는 두 점자극 m_1, m_2 사이에 작용하는 힘 F의 크기는 두 점자극 m_1, m_2의 곱에 비례하고, 두 자극 사이의 거리인 r의 제곱에 반비례한다. 이것을 자기에 관한 쿨롱의 법칙이라 한다.

$$F = K\frac{m_1 m_2}{r^2}$$ ··· (3-1)

여기서, K : 쿨롱의 상수로 진공 중에서는 6.33×10^4값을 갖는다.

+ 예제 3-3 크기가 1[Wb]인 두 자극을 1[m] 거리에 놓았을 때 작용하는 힘은 얼마인지 구하여라.

풀이 $F = K\frac{m_1 m_2}{r^2}$ 에서

$F = 6.33 \times 10^4 \times \frac{1 \times 1}{1^2} = 6.33 \times 10^4 [\text{N}]$

3.2.2 투자율 μ인 곳에서 자극의 힘

투자율 μ_0인 진공 중에서 자기력의 세기는

$$F = \frac{1}{4\pi\mu_0}\frac{m_1 m_2}{r^2} = 6.33 \times 10^4 \times \frac{m_1 m_2}{r^2}\,[\text{N}] \cdots\cdots\cdots\cdots (3\text{-}2)$$

로 나타낸다. 여기서 m_1, m_2의 단위는 [Wb]이고, r의 단위는 [m]이다.

MKS 단위계에서는 진공 중에 서로 같은 자극의 세기를 가지는 두 점자극 m_1, m_2를 1[m] 거리에 놓았을 때, 작용하는 힘이 6.33×10^4[N]이 되는 것을 단위로 하여 1웨버(Weber, [Wb])라 정의하였다. 이 정의에 의하여 $m_1 = m_2 = 1$[Wb], $r = 1$[m]일 때 $F = 6.33 \times 10^4$[N]이 되므로 $k = 6.33 \times 10^4$이 된다.

따라서 비례상수는 $\dfrac{1}{4\pi\mu_0} = 6.33 \times 10^4$에서

$$\mu_0 = \frac{1}{4\pi \times 6.33 \times 10^4} = 4\pi \times 10^{-7} \cdots\cdots\cdots\cdots (3\text{-}3)$$

이 된다. 이 μ_0를 진공의 투자율(vacuum permeability)이라 하며 단위는 [H/m]를 사용한다.

투자율 μ인 매질에서의 힘 F는

$$F = \frac{1}{4\pi\mu}\frac{m_1 m_2}{r^2} = \frac{1}{4\pi\mu_0\mu_s}\frac{m_1 m_2}{r^2} = 6.33 \times 10^4 \times \frac{m_1 m_2}{\mu_s r^2}\,[\text{N}] \cdots\cdots (3\text{-}4)$$

가 된다.

여기서, μ를 물체의 투자율(permeability)이라 하고 그 값은 다음과 같다.

$$\mu = \mu_0\mu_s = 4\pi \times 10^{-7}\mu_s\,[\text{H/m}] \cdots\cdots\cdots\cdots (3\text{-}5)$$

식 (3-4)에서 μ_s는 진공의 투자율 μ_0에 대해 물질의 투자율이 가지는 상대적인 비로서 비투자율(relative permeability)이라 하고 공기의 비투자율 $\mu_s \fallingdotseq 1$이므로 진공과 같이 계산한다. 두 자극 사이에 작용하는 힘의 방향은 서로 다른 자극 사이에는 흡인력이 작용하고, 같은 자극 사이에는 반발력이 작용한다.

[표 3-1] 여러 가지 물질의 비투자율

물질	ε_s	물질	ε_s
은	0.9999736	산소	1.0000179
구리	0.9999906	알루미늄	1.0000214
물	0.9999912	규소강	10^3
공기	1.0000000365	퍼멀로이	10^4

+ 예제 3-4 공기 중에서 1[m]의 거리에 있는 두 자극의 자기량이 각각 3×10^{-3}[Wb]와 6×10^{-3}[Wb]일 때, 두 자극 사이에 작용하는 힘[N]을 구하여라.

풀이 $F = 6.33 \times 10^4 \cdot \dfrac{m_1 m_2}{r^2} = 6.33 \times 10^4 \times \dfrac{3 \times 10^{-3} \times 6 \times 10^{-3}}{1^2} \fallingdotseq 1.14[\mathrm{N}]$

+ 예제 3-5 공기 중에서 1.6×10^{-4}[Wb]와 2×10^{-3}[Wb]의 두 자극 사이에 작용하는 힘이 12.66[N]이었다. 두 극 사이의 거리[cm]는 얼마인지 구하여라.

풀이 $F = \dfrac{1}{4\pi\mu} \dfrac{m_1 m_2}{r^2}$ 에서

$r^2 = \dfrac{1}{4\pi\mu_0} \dfrac{m_1 m_2}{F} = 6.33 \times 10^4 \times \dfrac{1.6 \times 10^{-4} \times 2 \times 10^{-3}}{12.66} = 1.6 \times 10^{-3}$

$r = 4 \times 10^{-2}[\mathrm{m}] = 4[\mathrm{cm}]$

3.3 자기장

자석이나 전류가 흐르는 전선 주위에 생기는 힘이 작용하는 공간을 자기장 또는 **자계**(magnetic field)라고 한다. 자기장은 눈에 보이지 않지만 자기장이 있을 때 일어나는 여러 가지 현상을 통해 자기장의 존재를 알 수 있다. 그 예로 자석 주위에 철가루를 뿌리면 철가루가 부드럽게 연결되어 늘어서고 나침반의 바늘이 자석의 극을 가리키는 현상이 있다.

3.3.1 자기력선의 성질

자기장의 세기를 눈으로 확인할 수 있도록 자기장 내 자기력이 작용하는 모양을 가상의 선으로 표현하여 나타낸 선을 **자기력선**(line of magnetic force)이라고 한다.

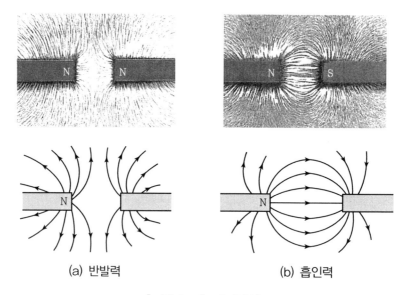

(a) 반발력   (b) 흡인력

[그림 3-5] 자기력선

[그림 3-5]에서 쇳가루와 같은 자성물질의 미세한 입자들이 뿌려진 종이 밑에 자성물질을 놓음으로써 막대자석 주위에 생기는 자기장의 윤곽을 볼 수 있다.

자기력선의 성질은 다음과 같다.
① 자기력선은 N극에서 나와 S극으로 들어간다.
② 자기력선은 서로 교차하지 않는다.
③ 자기력선의 접선방향은 그 점의 자기장의 방향과 같다.
④ 자기력선의 밀도는 그 점의 자기장의 세기와 같다.

⑤ 자기력선의 수는 자극의 크기에 비례하고 진공이나 공기 중의 자극 m[Wb]에서는 $\dfrac{m}{\mu_0}$ 개의 자기력선이 출입한다.

⑥ 자기장 내의 임의의 한 점에서의 자력선 밀도는 그 점에서의 자기장의 세기를 나타낸다.

반경 r[m]인 구의 중심에 $+m$[Wb]의 점자극이 있을 때, 구의 표면적 $4\pi r^2$[m²]에서 발산되는 자기력선의 총수 N은 $N=H \cdot S$에서 다음과 같이 된다.

$$N= \frac{m}{4\pi \mu_0 r^2} \times 4\pi r^2 = \frac{m}{\mu_0} \text{[개]} \quad \cdots\cdots\cdots\cdots\cdots\cdots\cdots\cdots\cdots\cdots\cdots\cdots\cdots\cdots\cdots \text{(3-6)}$$

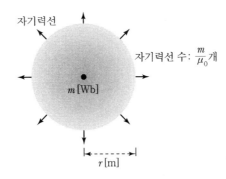

[그림 3-6] $+m$[Wb]에 의한 자기력선의 수

+ 예제 3-6 공기 중에 놓인 10[Wb]의 자극에서 나오는 자기력선의 수[lines]를 구하여라.

풀이 $N=4\pi r^2 \times H = 4\pi r^2 \times \dfrac{m}{4\pi \mu r^2}$ 에서

자기력선의 수 $N= \dfrac{m}{\mu} = \dfrac{m}{\mu_0 \mu_s} = \dfrac{10}{4\pi \times 10^{-7} \times 1} \fallingdotseq 7.958 \times 10^6$[lines]

3.3.2 자기장의 방향과 세기

자기장 중의 임의의 한 점에 +1[Wb]의 점자극을 놓았을 때 점자극이 움직이는 방향을 그 점에서 자장의 방향이라 하고 작용하는 힘의 크기를 그 점에 대한 자기장의 세기(intensity of magnetic)라 한다. 자기장의 세기 기호는 H, 단위는 [AT/m]를 사용한다.

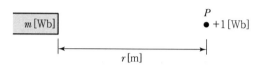

[그림 3-7] 자기장의 세기

[그림 3-7]의 m[Wb]의 자극으로부터 r[m] 떨어진 점 P에 1[Wb]의 단위자극을 놓았을 때 자기장의 세기는 쿨롱의 법칙에 의해서

$$H = \frac{1}{4\pi\mu_0}\frac{m}{r^2} = 6.33 \times 10^4 \times \frac{m}{r^2} \text{ [N/Wb]} \quad \cdots\cdots\cdots\cdots\cdots\cdots\cdots (3\text{-}7)$$

이 된다.

또한 식 (3-2)와 식 (3-7)의 관계로부터 자기장의 세기가 H[AT/m]인 점에서 m[Wb]의 자하를 놓았을 때 자하에 작용하는 힘 F는

$$F = mH\text{[N]}, \quad H = \frac{F}{m} \text{ [AT/m]} \quad \cdots\cdots\cdots\cdots\cdots\cdots\cdots\cdots (3\text{-}8)$$

이 된다.

자기장 세기와 자기력선과의 관계는 [그림 3-8]과 같이 자기장 내에서 자기력선에 수직한 단위면적($1[\text{m}^2]$)을 통과하는 자기력선의 수 N[lines], 즉 자기력선 밀도가 바로 그 점에서의 자기장의 세기 H[AT/m]와 같도록 정의한다. 따라서 자기장의 세기는 단위면적을 통과하는 자기력선의 수(H[AT/m] = N/S[lines/m²])로 표시할 수 있다.

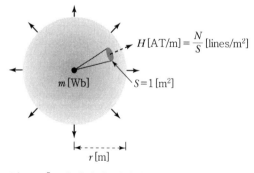

[그림 3-8] 자기장의 세기와 자기력선의 관계

+ 예제 3-7 공기 중에 5×10^{-4}[Wb]의 N극이 놓여 있을 때, 이로부터 12[cm] 떨어진 거리에 있는 P점의 자기장의 세기[AT/m]를 구하여라.

풀이 $H = \dfrac{1}{4\pi\mu_0\mu_s} \cdot \dfrac{m}{r^2}$[AT/m]에서 공기 중의 비투자율은 $\mu_s \fallingdotseq 1$이므로

자계의 세기 $H = 6.33 \times 10^4 \times \dfrac{5 \times 10^{-4}}{(12 \times 10^{-2})^2} = 2.2 \times 10^3$[AT/m]

+ 예제 3-8 5×10^{-6}[Wb]의 자극에 1.5×10^{-3}[N]의 힘을 작용시키려면 자기장의 세기 [AT/m]는 얼마여야 하는지 구하여라.

풀이 $F = mH$[N]에서 $H = \dfrac{F}{m} = \dfrac{1.5 \times 10^{-3}}{5 \times 10^{-6}} = 3 \times 10^2$[AT/m]

3.3.3 자속과 자속밀도

자성체 내 주위 매질(투자율)의 종류에 관계없이 m[Wb]의 자하에서 m개의 자기력선으로 표시하는 것을 **자속**(magnetic flux, ϕ)이라 한다. 따라서 자극의 세기와 자속의 크기는 같다. 자속의 단위는 자극의 세기와 같은 웨버(Weber, [Wb])를 사용한다.

$\phi = m$[Wb] ·· (3-9)

> **가우스의 정리**
> 임의의 폐곡면에서 나가는 자기력선의 수는 그 폐곡면에 포함된 자하 총합의 $\dfrac{1}{\mu}$이 된다. 즉, m[Wb]의 자하에 출입하는 자기력선의 수는 $\dfrac{m}{\mu}$개가 된다. 자성체 내 주위 매질(투자율 μ)의 종류에 따라 출입하는 자기력선 수가 다르다.

자속의 방향에 수직인 단위면적을 통과하는 자속의 수를 **자속밀도**(magnetic flux density)라 하며 기호는 B를 사용한다. 단면적 A[m²]를 자속 ϕ[Wb]가 통과하는 경우 자속밀도 B는

$B = \dfrac{\phi}{A}$[Wb/m²] ·· (3-10)

반지름 r[m]인 구의 중심에 $+m$[Wb]의 점자하가 있을 때 구 표면의 자속밀도는

$B = \dfrac{\phi}{A} = \dfrac{m}{4\pi r^2}$ [Wb/m²] ·· (3-11)

이 된다.

+ 예제 3-9 진공 중에 놓여 있는 2[Wb]의 자극으로부터 20[cm] 떨어진 점에서의 자속밀도 [Wb/m²]를 구하여라.

풀이 자속밀도 $B = \dfrac{m}{4\pi r^2} = \dfrac{2}{4\pi \times 0.2^2} = 3.979[\text{Wb/m}^2]$

3.3.4 자속밀도와 자기장의 관계식

$m[\text{Wb}]$의 자극이 있으면 자극을 중심으로 반지름 $r[\text{m}]$의 구 표면을 $m[\text{Wb}]$의 자속이 균일하게 분포하여 지나가므로 구 표면의 자속밀도 $B = \dfrac{m}{4\pi r^2}[\text{Wb/m}^2]$로 자극 주위의 자속밀도 B는 자극으로부터 거리의 제곱에 반비례한다. 그리고 구 표면의 자계의 세기는 $H = \dfrac{m}{4\pi \mu r^2}[\text{AT/m}]$ 이므로 자속밀도 B와 자계의 세기 H는 식 (3-12)와 같은 관계가 성립한다.

$$B = \mu H = \mu_0 \mu_s H[\text{Wb/m}^2] \quad \cdots\cdots\cdots\cdots\cdots\cdots\cdots\cdots\cdots\cdots\cdots\cdots\cdots\cdots \text{(3-12)}$$

+ 예제 3-10 자기장의 세기 $H = 1,000[\text{A/m}]$일 때 자속밀도 $B = 0.1[\text{Wb/m}^2]$인 재질의 투자율[H/m]을 구하여라.

풀이 $B = \mu H$에서 투자율 $\mu = \dfrac{B}{H} = \dfrac{0.1}{1,000} = 10^{-4}[\text{H/m}]$

3.3.5 자위와 자위차

자기장 내에서 단위 자하 $+1[\text{Wb}]$를 자기장과 반대 방향으로 무한원점에서 임의의 한 점까지 이동시키는 데 필요한 일을 그 점에서의 **자위**(magnetic potential, U)라 한다. 자위의 단위는 [J/Wb]이나, 실용적으로는 [AT] 단위를 많이 사용한다.

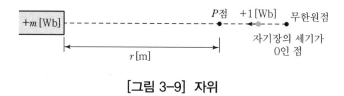

[그림 3-9] 자위

[그림 3-9]와 같이 자기장 H 내에서 $+m[\text{Wb}]$의 점자극으로부터 $r[\text{m}]$ 떨어진 점의 자위 U는

$$U = \frac{m}{4\pi\mu_0 r}\,[\mathrm{V}] \quad\cdots\cdots\cdots\cdots\cdots\cdots\cdots\cdots\cdots\cdots\cdots\cdots (3\text{-}13)$$

이고, 점 P에서의 자위 U를 자기장의 세기 H와의 관계식으로 나타내면

$$U = H \cdot r\,[\mathrm{V}] \quad\cdots\cdots\cdots\cdots\cdots\cdots\cdots\cdots\cdots\cdots\cdots\cdots\cdots (3\text{-}14)$$

가 된다.

[그림 3-10]에서 점자극 $+m\,[\mathrm{Wb}]$에서 $r_1\,[m]$ 떨어진 점 A의 자위를 U_A, $r_2\,[m]$ 떨어진 점 B의 자위를 U_B라 하면 이 두 점 사이의 자위의 차 U_{AB}는

$$U_{AB} = U_A - U_B = \frac{1}{4\pi\mu}\frac{m}{r_1} - \frac{1}{4\pi\mu}\frac{m}{r_2} = \frac{m}{4\pi\mu}\left(\frac{1}{r_1} - \frac{1}{r_2}\right)[\mathrm{V}] \quad\cdots\cdots\cdots\cdots (3\text{-}15)$$

가 된다.

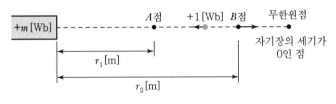

[그림 3-10] 자위차

+ 예제 3-11   공기 중에 놓인 2[Wb]의 자하로부터 직선상에서 2[m] 떨어진 P점과 1[m] 떨어진 Q점의 자위차를 구하여라.

풀이 $U_{QP} = U_Q - U_P = \dfrac{m}{4\pi\mu}\left(\dfrac{1}{r_1} - \dfrac{1}{r_2}\right) = 6.33 \times 10^4 \left(\dfrac{2}{1} - \dfrac{2}{2}\right) = 6.33 \times 10^4\,[\mathrm{V}]$

3.3.6 자기모멘트와 토크

자기모멘트란 물체가 자기장에 반응하여 돌림힘을 받는 정도를 나타내는 벡터 물리량이다. 자석은 N극이나 S극이 단독으로 존재할 수 없으므로 자석의 작용을 취급할 때에는 두 극을 동시에 생각해야 한다. 자극의 세기가 $\pm m\,[\mathrm{Wb}]$이고, 길이 $l\,[m]$인 자석에서 자극의 세기와 자석의 길이의 곱을 **자기모멘트**(magnet moment, M)라 하며 다음 식과 같다.

$$M = m\,l\,[\mathrm{Wb/m}] \quad\cdots\cdots\cdots\cdots\cdots\cdots\cdots\cdots\cdots\cdots\cdots\cdots\cdots (3\text{-}16)$$

자기장의 세기가 H[AT/m]인 평등자계(uniform magnetic field) 중에 자극의 세기 $\pm m$ [Wb]의 자침을 자계의 방향과 θ의 각도로 놓으면, 두 자극 사이에 작용하는 힘 $F = mH$[N]에 의하여 평등 자기장 안에 존재하는 자침을 회전시키려는 회전력이 발생하는데, 이것을 회전력 또는 토크(torque, T)라 하고, 그 크기는

$$T = mlH\sin\theta[\text{N/m}] = MH\sin\theta[\text{N/m}] \quad\cdots\cdots\cdots\cdots\cdots\cdots\cdots\cdots\cdots\cdots\cdots\cdots\cdots\cdots (3\text{-}17)$$

이 된다. 여기서 M은 자기모멘트이다.

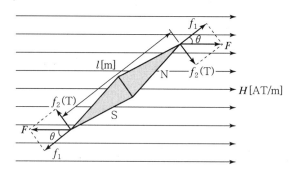

[그림 3-11] 자기모멘트와 토크

+ 예제 3-12 자극의 세기 4[Wb], 자축의 길이 10[cm]인 막대자석이 100[AT/m]의 평등자장 내에서 20[Nm]의 회전력을 받았다면 이때 막대자석과 자장이 이루는 각도는?

풀이 $T = mlH\sin\theta$에서

$\sin\theta = \dfrac{T}{mlH} = \dfrac{20}{4 \times 0.1 \times 100} = 0.5$에서 $\theta = \sin^{-1}0.5 = 30$

3.4 전류에 의한 자기장

1820년 덴마크의 과학자 외르스테드는 도선에 전류가 흐르는 실험을 보여 주던 중, 우연히 전류가 흐르는 도선 주위에서 나침반 바늘이 움직이는 것을 발견하였다. 이러한 발견에 의해 자기장은 영구자석뿐만 아니라 전류에 의해서도 만들어지며, 그 당시까지 별개의 현상으로 알았던 전기와 자기가 서로 밀접한 관계가 있다는 사실이 밝혀졌다.

3.4.1 전류에 의한 자기장의 방향

직선 전류와 자기선의 관계를 [그림 3-12]에 나타내었다. 여기서 전류의 방향을 지면으로 들어가는 방향을 기호 ⊗으로 나타내고, 지면으로부터 나오는 방향을 기호 ⊙으로 나타내었다.

[그림 3-12] 직선 전류와 자기력선의 관계

직선 전류에 의한 자기력선의 방향은 오른나사의 진행 방향이 전류의 방향이라면 오른나사의 회전 방향이 바로 자기장의 방향이다. 이 관계를 앙페르의 오른나사 법칙(Ampère's right-handed screw rule) 또는 앙페르의 오른손 법칙이라 한다.

[그림 3-13]과 같이 오른손 엄지손가락 방향으로 전류가 흐른다면 다른 네 손가락 방향으로 자기장이 발생하며, 네 손가락 방향으로 전류가 흐르면 엄지손가락 방향으로 자기장이 발생한다.

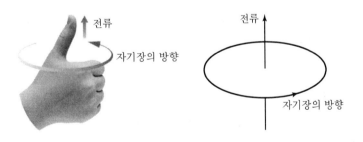

[그림 3-13] 앙페르의 오른손 법칙

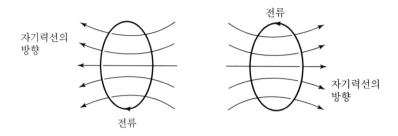

[그림 3-14] 원형 코일에 흐르는 전류에 의한 자기장

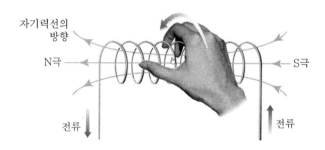

[그림 3-15] 원통형 코일에 의한 자기장

+ 예제 3-13 "전류의 방향과 자기의 방향은 오른나사의 진행 방향과 회전 방향이 일치한다"와 관계있는 법칙은?

[답] 앙페르의 오른나사 법칙

3.4.2 전류에 의한 자기장의 세기

도선에 전류가 흐를 때 전류에 의한 자기장의 세기를 구하는 방법에는 비오-사바르 법칙과 앙페르의 주회적분의 법칙이 있다.

(1) 앙페르의 주회적분의 법칙

앙페르의 주회적분의 법칙은 대칭적 전류분포에 대한 자기장의 세기를 구할 때 이용한다. [그림 3-16]과 같이 자기장 내의 임의의 폐곡선 C를 따라 일주하면서 이 폐곡선의 각 미소 구간 Δl과 그 지점의 자기장의 세기의 곱, 즉 $H\Delta l$의 대수합은 이 폐곡선을 관통하는 전류의 대수합과 같다. 이를 앙페르의 주회적분의 법칙(Ampère's circuital integrating law)이라 한다.

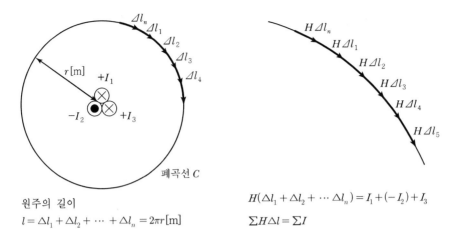

원주의 길이

$$l = \triangle l_1 + \triangle l_2 + \cdots + \triangle l_n = 2\pi r \,[\text{m}]$$

$$H(\triangle l_1 + \triangle l_2 + \cdots \triangle l_n) = I_1 + (-I_2) + I_3$$

$$\sum H \triangle l = \sum I$$

[그림 3-16] 앙페르의 주회적분의 법칙

폐곡면 C의 각 미소부분 $\triangle l_1$, $\triangle l_2$, $\triangle l_3$, $\cdots$ $\triangle l_n$에 대하여 각 자기장의 세기는 동일하므로 H와 원주의 길이 l의 곱 $H \cdot l$은 폐곡선 C를 통과하는 전류의 총합과 같아진다. 따라서

$$H\triangle l_1 + H\triangle l_2 + H\triangle l_3 \cdots + H\triangle l_n = I_1 + (-I)_2 + I_3$$

가 되고 이것을 정리하면

$$H(\triangle l_1 + \triangle l_2 + \triangle l_3 \cdots + \triangle l_n) = I_1 + (-I_2) + I_3$$

$$H\sum \triangle l = \sum I \quad \cdots\cdots\cdots\cdots\cdots\cdots\cdots\cdots\cdots\cdots\cdots\cdots\cdots\cdots (3\text{-}18)$$

로 나타낼 수 있다.

앙페르의 주회적분의 법칙을 이용하여 무한히 긴 직선도체의 r만큼 떨어진 지점의 자장의 세기와 환상 솔레노이드 중심에서의 자장의 세기를 구할 수 있다.

[그림 3-17]과 같이 무한히 긴 직선 도선에 $I[\text{A}]$의 전류가 흐를 때 도선에서 $r\,[\text{m}]$ 떨어진 P점의 자기장의 세기 $H[\text{AT/m}]$는 축 대칭선에 의하여 반지름 $r\,[\text{m}]$인 원주상의 모든 점에서 같은 크기를 갖는다.

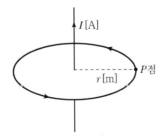

[그림 3-17] 무한장 직선 도체에 의한 자기장의 세기

따라서 앙페르의 주회적분 법칙을 적용하면 폐곡선을 통과하는 전류가 $I[A]$이므로 다음과 같이 표시할 수 있다.

$$\sum H \triangle l = \sum I \text{에서} \quad H(\triangle l_1 + \triangle l_2 + \triangle l_3 \cdots + \triangle l_n) = I$$

$H \cdot l = I$의 관계가 성립한다. 따라서 반지름 $r[m]$인 원주의 길이는 $2\pi r[m]$이므로(여기서, l : 원주의 길이)

$$H \times 2\pi r = I$$

$$H = \frac{I}{2\pi r} [\text{AT/m}] \quad \cdots\cdots\cdots\cdots\cdots\cdots\cdots\cdots\cdots\cdots\cdots\cdots\cdots\cdots\cdots\cdots\cdots\cdots (3\text{-}19)$$

가 된다.

＋ 예제 3-14 무한장 직선 도체에 2.5[A]의 전류가 흐르고 있을 때, 이로부터 10[cm] 떨어진 P점의 자기장의 세기[AT/m]를 구하여라.

풀이 자기장의 세기 $H = \dfrac{I}{2\pi r} = \dfrac{2.5}{2 \times 3.14 \times 10 \times 10^{-2}} \fallingdotseq 3.98[\text{AT/m}]$

[그림 3-18]과 같은 환상 원통에 N회의 코일을 감고 전류 $I[A]$를 흘렸을 때 환상 솔레노이드 내부의 자기장의 세기는 점 O를 중심으로 하는 동심원이 된다. 코일 중심축까지의 거리를 $r[m]$이라 하면, 솔레노이드의 평균 길이는 $2\pi r$이고 이것과 쇄교하는 전류가 NI이므로

$$H = \frac{NI}{l} = \frac{NI}{2\pi r} [\text{AT/m}] \quad \cdots\cdots\cdots\cdots\cdots\cdots\cdots\cdots\cdots\cdots\cdots\cdots\cdots\cdots\cdots (3\text{-}20)$$

가 된다. 여기서 l은 평균 자로의 길이[m]이다.

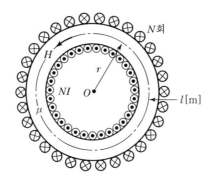

[그림 3-18] 환상 솔레노이드에 의한 자기장의 세기

+ 예제 3-15 평균 반지름이 10[cm], 권선수가 200회, 공심의 단면적이 10[cm²]인 환상 솔레노이드에 5[A]의 전류가 흐르고 있을 때, 내부 자기장의 세기[AT/m]를 구하여라.

풀이 자기장의 세기 $H = \dfrac{NI}{2\pi r} = \dfrac{200 \times 5}{2 \times 3.14 \times 0.1} = 1{,}592.4 [\text{AT/m}]$

(2) 비오-사바르 법칙

유한장의 전류 도선에 의한 임의 점에서 자기장의 세기를 구하는 경우에 적용할 수 있는 식으로 [그림 3-19]와 같이 도선에 I[A]의 전류를 흘릴 때 도선의 미소부분 $\triangle l$에서 r[m] 떨어진 점 P에서 $\triangle l$에 의한 자기장의 세기 $\triangle H$는 $\triangle l$과 OP가 이루는 각을 θ라 할 때

$$\triangle H = \frac{I \triangle l \sin\theta}{4\pi r^2} [\text{AT/m}] \cdots\cdots\cdots\cdots\cdots\cdots\cdots\cdots\cdots\cdots\cdots\cdots (3\text{-}21)$$

이 된다.

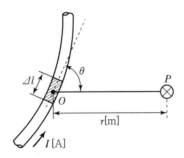

[그림 3-19] 비오-사바르 법칙

비오-사바르의 법칙을 이용하여 반지름이 r인 원형 도체 중심에서의 자장의 세기를 구할 수 있다.

[그림 3-20]과 같이 반지름이 r[m]이고 감은 횟수가 1회인 원형 코일에 I[A]의 전류를 흘릴 때 원형 코일 중심 O점에 발생하는 자기장의 세기 H[AT/m]는 다음과 같이 구할 수 있다.

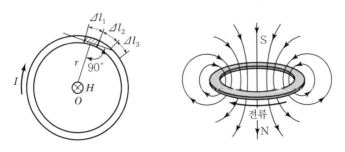

[그림 3-20] 원형 코일 중심 자기장의 세기

원형 코일을 n등분하고 원형 코일의 미소부분 Δl_1에 의해서 원의 중심에 발생하는 자기장의 세기를 ΔH_1이라 하면 비오−사바르의 법칙에 의하여 $\theta = 90°$일 때

$$\Delta H_1 = \frac{I\Delta l_1}{4\pi r^2}\sin 90° = \frac{I\Delta l_1}{4\pi r^2}\,[\text{AT/m}]$$

이 된다. 같은 방법으로

$$\Delta H_2 = \frac{I\Delta l_2}{4\pi r^2}\sin 90° = \frac{I\Delta l_2}{4\pi r^2}\,[\text{AT/m}]$$

이 성립한다. 따라서 원의 중심 자장의 세기 H는 $\Delta l_1 \sim \Delta l_n$의 미소 부분에 흐르는 전류 $I\,[\text{A}]$에 의하여 발생하는 자기장의 합이 되므로 다음과 같이 된다.

$$\begin{aligned}
H &= \Delta H_1 + \Delta H_2 + \cdots + \Delta H_n \\
&= \frac{I}{4\pi r^2}\Delta l_1 + \frac{I}{4\pi r^2}\Delta l_2 + \frac{I}{4\pi r^2}\Delta l_3 + \cdots \frac{I}{4\pi r^2}\Delta l_n \\
&= \frac{I}{4\pi r^2}(\Delta l_1 + \Delta l_2 + \cdots + \Delta l_n) \\
&= \frac{I}{4\pi r^2}\times 2\pi r \\
&= \frac{I}{2r}\,[\text{AT/m}] \cdots\cdots\cdots\cdots\cdots\cdots\cdots\cdots\cdots\cdots\cdots\cdots\cdots\cdots\cdots\cdots\cdots\cdots (3\text{-}22)
\end{aligned}$$

또한 원형 코일의 감은 횟수가 N회인 경우의 자기장의 세기는 다음과 같이 된다.

$$H = \frac{NI}{2r}\,[\text{AT/m}] \cdots\cdots\cdots\cdots\cdots\cdots\cdots\cdots\cdots\cdots\cdots\cdots\cdots\cdots\cdots\cdots\cdots (3\text{-}23)$$

+ 예제 3-16 공기 중에서 반지름 5[cm]인 원형 도선에 2.5[A]의 전류가 흐를 때 원형 도선 중심의 자기장의 세기[AT/m]를 구하여라.

풀이 자기장의 세기 $H = \dfrac{I}{2r} = \dfrac{2.5}{2\times 0.05} = 25\,[\text{AT/m}]$

+ 예제 3-17 지름 10[cm], 감은 횟수 $N = 10$[회]인 원형 코일에 10[A]의 전류가 흐를 때, 이 코일 중심 자기장의 세기[AT/m]를 구하여라.

풀이 자기장의 세기 $H = \dfrac{NI}{2r} = \dfrac{10\times 10}{2\times 5\times 10^{-2}} = 1,000\,[\text{AT/m}]$

3.5 자기회로의 옴(Ohm)의 법칙

3.5.1 자기회로

[그림 3-21]과 같이 철심에 코일을 감고 전류를 흘리면 오른나사 법칙에 따르는 방향으로 철심에 자속이 생기며, 코일의 권수 N과 코일에 흐르는 전류 I에 비례하여 자속 ϕ[Wb]가 발생한다. 그리고 자속이 통과하는 폐회로를 **자기회로**(magnetic circuit) 또는 간단히 **자로**라고 한다.

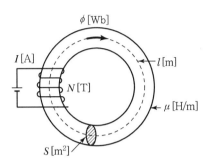

[그림 3-21] 자기회로

자속을 만드는 원동력을 **기자력**(magnetic motive force, F_m)이라 하며 자기회로에서 권수 N회인 코일에 전류 I[A]를 흘릴 때 기자력 F_m은

$$F_m = NI[\text{AT}] \quad\text{(3-24)}$$

로 나타내고, 단위는 암페어 턴(ampere-turn, [AT])을 사용한다.

자기회로에서 기자력 NI[AT]에 의해 자속 ϕ[Wb]가 통할 때 이들 사이의 비를 **자기저항** (reluctance)이라 하며, R_m으로 나타내고 단위는 [AT/Wb] 또는 헨리의 역수 [H^{-1}]를 사용한다.

따라서 자기저항 R_m은

$$R_m = \frac{NI}{\phi}[\text{AT/Wb}] \quad\text{(3-25)}$$

가 된다.

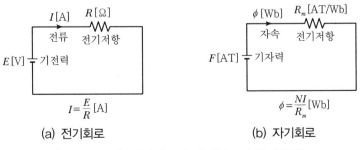

(a) 전기회로   (b) 자기회로

[그림 3-22] 진기회로와 자기회로의 옴의 법칙

+ 예제 3-18 평균 반지름이 10[cm]이고 감은 횟수가 10회인 원형 코일에 20[A]의 전류를 흐르게 하면 코일 중심에서의 기자력은 얼마인지 구하여라.

풀이 기자력 $F = \ni = 10 \times 20 = 200[\text{AT}]$

+ 예제 3-19 자기회로에서 기자력 100[AT]에 의해 자속 5[Wb]가 통할 때 자기저항 R_m을 구하여라.

풀이 자기저항 $R_m = \dfrac{100}{5} = 20[\text{AT/Wb}]$

3.6 전자력

전류가 흐르는 도체를 자기장 내에 놓으면 이 자기장과 전류에 의한 상호 작용에 의하여 도체는 힘을 받게 된다. 이와 같이 전류와 자기장 사이에 작용하는 힘을 **전자력**(electromagnetic force)이라 한다.

3.6.1 전자력의 방향

자기장 내에 도체를 놓고 전류를 흘리면 그 전류의 방향에 따라 도체에 작용하는 힘의 방향을 아는 방법으로 플레밍의 왼손 법칙(Fleming's left-hand rule)이 있다. 왼손의 엄지, 검지, 중지를 서로 수직이 되도록 폈을 때 검지는 자기장의 방향, 중지는 전류의 방향을 향하도록 하면 엄지손가락이 힘의 방향이 된다. 이 법칙은 전동기의 원리에 적용되고 있다.

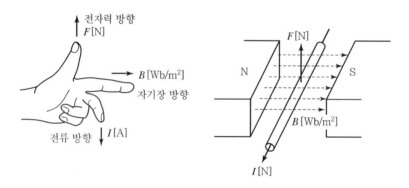

[그림 3-23] 플레밍의 왼손 법칙

+ 예제 3-20 플레밍의 왼손 법칙에서 중지는 무엇의 방향을 가리키는가?

[답] 전류의 방향

3.6.2 전자력의 크기

자속밀도가 $B[\text{Wb/m}^2]$인 평등자계 내에 도체가 자기장의 방향과 θ의 각도로 놓인 경우 도체에 $I[\text{A}]$의 전류가 흐를 때 도체에 작용하는 힘 $F[\text{N}]$은

$$F = BIl\sin\theta[\text{N}] \quad\cdots\cdots\cdots\cdots\cdots\cdots\cdots\cdots\cdots\cdots\cdots\cdots\cdots\cdots\cdots\cdots\cdots\cdots (3\text{-}26)$$

이 된다.

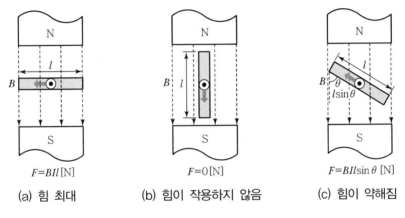

$F=BIl[\text{N}]$	$F=0[\text{N}]$	$F=BIl\sin\theta[\text{N}]$
(a) 힘 최대	(b) 힘이 작용하지 않음	(c) 힘이 약해짐

[그림 3-24] 전자력의 크기

자기장 내에서 도체에 작용하는 힘 F는 자속밀도 B, 자계와 수직 성분의 도체 길이 $l\sin\theta$ 및 도체에 흐르는 전류 I의 곱에 비례한다.

즉, 전류와 자기장의 방향이 수직이면 $F = BIl[\text{N}]$이 되고, 전류의 방향이 자기장과 평행일 때는 $F = 0$이 된다.

+ 예제 3-21 자속밀도가 $40[\text{Wb/m}^2]$인 평등자계 내에 길이 $30[\text{cm}]$인 도체를 자기장의 방향과 $30°$로 놓고 이 도체에 $10[\text{A}]$의 전류를 흘리면, 이때 도체에 작용하는 힘[N]을 구하여라.

풀이 힘 $F = BIl\sin\theta = 40 \times 10 \times 30 \times 10^{-2} \times \sin 30° = 120 \times \dfrac{1}{2} = 60[\text{N}]$

3.6.3 평행 전류 사이에 작용하는 힘

(1) 힘의 방향

평행한 두 도체 사이에 같은 방향의 전류를 흘리면 [그림 3-25]와 같이 흡인력이 작용하고, 서로 반대 방향의 전류를 흘리면 같이 반발력이 작용한다.

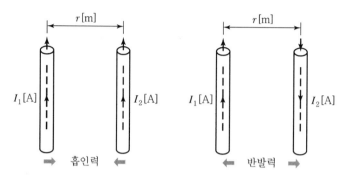

[그림 3-25] 평행 도체 간에 작용하는 힘

(2) 힘의 크기

[그림 3-25]와 같이 평행하게 배치한 두 도체 사이의 거리를 r[m], 각각의 도체에 흐르는 전류를 I_1, I_2[A]라 할 때 도체 1[m]당 작용하는 힘 F[N/m]는

$$F = \frac{2I_1I_2}{r} \times 10^{-7} [\text{N/m}] \quad\cdots\cdots\cdots\cdots\cdots\cdots\cdots\cdots\cdots\cdots\cdots\cdots\cdots\cdots\cdots\cdots\cdots\cdots\cdots\cdots \text{(3-27)}$$

이 된다.

+ 예제 3-22 평행 도선의 간격이 10[cm]로서 각 도선에 10[A]의 전류가 흐를 때 도선 1[m]에 작용하는 힘 F[N/m]를 구하여라.

풀이 $F = \dfrac{2I_1I_2}{r} \times 10^{-7} = \dfrac{2 \times 10 \times 10}{10 \times 10^{-2}} \times 10^{-7} = 0.5 \times 10^{-4} [\text{N/m}]$

3.7　전자유도(유도기전력)

3.7.1　유도기전력의 방향

코일의 양끝에 검류계를 연결하고 [그림 3-26]의 (a)와 같이 자석을 위아래로 움직이면 코일에 접속한 검류계의 지침이 움직인다. 또한 [그림 3-26]의 (b)와 같이 스위치를 개폐하여 1차 코일의 자속을 변화시켜도 동일한 현상이 일어난다.

이와 같이 자속의 변화에 의해 도체에 기전력이 발생하는 현상을 **전자유도**(electromagnetic induction)라 하고, 발생된 전압을 **유도기전력**(induced electromotive force, emf) 또는 유도전압이라 하며, 흐르는 전류를 **유도전류**(induced current)라 한다.

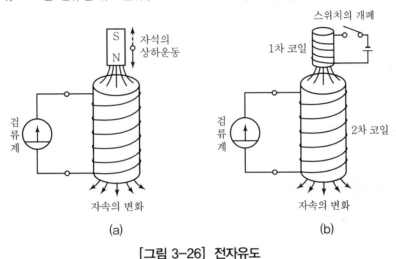

[그림 3-26]　전자유도

유도기전력은 코일을 지나는 자속이 증가될 때에는 자속을 감소시키는 방향으로, 자속이 감소될 때에는 자속을 증가시키는 방향으로 발생한다. 즉, 유도기전력은 자속의 변화($\frac{d\phi}{dt}$)를 방해하려는 방향($-$)으로 발생하는데, 이를 **렌츠의 법칙**(Lenz's law)이라 한다.

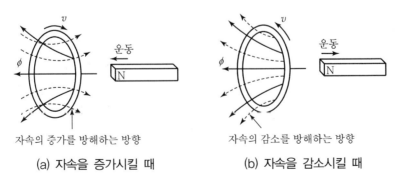

(a) 자속을 증가시킬 때　　　　(b) 자속을 감소시킬 때

[그림 3-27]　렌츠의 법칙

3.7.2 유도기전력의 크기

전자 유도현상에 의하여 어느 코일에 발생하는 유도기전력의 크기는 코일과 쇄교하는 자속 ϕ 의 시간적인 변화율에 비례한다. 이를 패러데이 법칙이라고 한다.

즉, 권수 N회의 코일에 ϕ[Wb]의 자속이 생기는 경우 권수 N과 자속 ϕ[Wb]의 곱 $N\phi$를 쇄교 자속수라 한다. 따라서 코일의 권수가 N[회]이고, dt[sec] 동안에 자속수가 $d\phi$[Wb]만큼 변화했다고 하면 발생된 유도기전력 e의 크기는 식 (3-28)로 나타낸다.

패러데이-렌츠의 전자 유도 법칙에 의한 유도기전력 e는

$$e = -N\frac{d\phi}{dt} \text{[V]} \cdots\cdots\cdots\cdots\cdots\cdots\cdots\cdots\cdots\cdots\cdots\cdots\cdots\cdots\cdots \text{(3-28)}$$

+ 예제 3-23 코일에서 0.5초 사이에 10[Wb]의 자속이 변화한다면 코일에 발생되는 유도기전력[V]을 구하여라.(단, 코일 권수는 200회이다.)

풀이 유도기전력 $e = N\dfrac{d\phi}{dt} = 200 \times \dfrac{10}{0.5} = 4{,}000 \text{[V]}$

3.7.3 도체 운동에 의한 유도기전력

(1) 플레밍의 오른손 법칙

자기장 속에서 도선을 자기장에 대하여 수직으로 움직일 경우 도체에 유도되는 유도기전력의 방향을 아는 방법으로 플레밍의 오른손 법칙(Fleming's right-hand rule)이 있다. 오른손의 엄지, 검지, 중지를 서로 수직이 되도록 폈을 때 오른손 엄지손가락의 방향을 도선이 운동하는 방향, 집게손가락의 방향을 자기장의 방향으로 하면 가운뎃손가락의 방향으로 전압이 유도된다. 이 법칙은 발전기의 원리에 적용되고 있다.

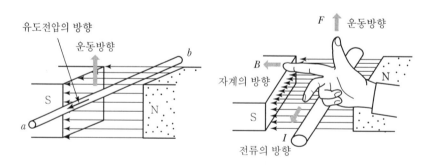

[그림 3-28] 플레밍의 오른손 법칙

(2) 유도기전력의 크기

자속밀도 $B[\text{Wb/m}^2]$의 평등 자기장 내에서 길이 $l[\text{m}]$인 도체를 자계와 수직 방향으로 놓고, 도체를 자기장과 직각 방향으로 $v[\text{m/sec}]$의 속도로 운동을 하면 도체에는 유도기전력이 발생한다.

[그림 3-29]와 같이 균일한 자기장이 있는 곳에 ㄷ자형의 저항이 있는 레일이 놓여 있고, 이 레일에 수직으로 놓여 있는 길이 $l[\text{m}]$인 직선 도선은 레일과 고리(a, b, c, d)를 이루고 있다. 이 때 직선 도선 a, b를 a', b'까지 $v[\text{m/sec}]$의 속도로 움직이게 하면, 이 고리를 통과하는 자속은 변하고 있으므로 고리에 기전력이 생긴다.

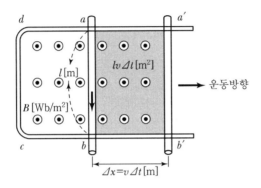

[그림 3-29] 유도기전력의 크기

길이 $l[\text{m}]$인 도체가 자속밀도 $B[\text{Wb/m}^2]$의 평등 자기장 내에 $v[\text{m/sec}]$ 속도로 이동한다면, $\Delta t[\text{sec}]$ 동안에 도체가 자속을 끊는 면적 $\Delta S = l v \Delta t\,[\text{m}^2]$가 되므로 쇄교 자속수는 $\Delta \phi = B \cdot dS = B l v \Delta t[\text{Wb}]$가 된다. 따라서 유도기전력 e는

$$e = \frac{\Delta \phi}{\Delta t} = B l v\,[\text{V}] \quad\cdots\cdots\cdots\cdots\cdots\cdots\cdots\cdots\cdots\cdots\cdots\cdots\cdots\cdots\cdots\cdots\cdots (3\text{-}29)$$

가 되고, 평등 자기장 내에서 도체가 자기장과 θ의 각도를 이루면서 $v[\text{m/sec}]$의 속도로 이동할 때 유도기전력 e는 $e = B l v \sin\theta[\text{V}]$가 된다.

+ 예제 3-24 길이가 0.4[m]인 도선을 자속밀도 2[Wb/m²]인 자기장과 직각 방향으로 20[m/sec]로 이동할 때, 유도기전력[V]을 구하여라.

풀이 유도기전력 $e = B l v \sin\theta = 2 \times 0.4 \times 20 \times 1 = 16[\text{V}]$

+ 예제 3-25 도체가 운동하는 경우 유도기전력의 방향을 알고자 할 때 유용한 법칙은?

[답] 플레밍의 오른손 법칙

3.8 인덕턴스

3.8.1 자기 인덕턴스

코일을 감아 놓고 코일에 흐르는 전류를 변화시키면 코일의 내부를 지나는 자속도 변화하므로 전자유도에 의해서 코일 자체에서 렌츠의 법칙에 따라 자속의 변화를 방해하려는 방향으로 유도기전력이 발생한다. 이와 같이 코일 자체에 유도기전력이 발생되는 현상을 **자기유도**(self induction)라고 한다.

감은 횟수 N회의 코일에 흐르는 전류 I가 dt[sec] 동안에 dI[A]만큼 변화하여 코일과 쇄교하는 자속이 $d\phi$[Wb]만큼 변화하였다면 자기유도기전력은 식 (3-30)과 같다.

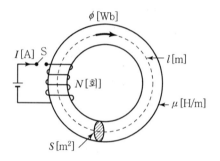

[그림 3-30] 자기 인덕턴스

$$e = -N\frac{d\phi}{dt} = -L\frac{dI}{dt}\text{[V]} \cdots\cdots\cdots\cdots\cdots\cdots\cdots\cdots\cdots\cdots\cdots\cdots\cdots\cdots\cdots \text{(3-30)}$$

식 (3-30)에서 자속을 시간에 관해 적분하면 $N\phi = LI$가 된다. 따라서 자기 인덕턴스 L은

$$L = \frac{N\phi}{I}\text{[H]} \cdots\cdots\cdots\cdots\cdots\cdots\cdots\cdots\cdots\cdots\cdots\cdots\cdots\cdots\cdots\cdots\cdots \text{(3-31)}$$

이 된다.

따라서 코일의 자기 인덕턴스 L은 코일에 1[A]의 전류를 흘렸을 때의 쇄교 자속수와 같다.

환상 솔레노이드에서 코일의 감은 횟수 N회, 자기회로의 길이 l[m], 단면적을 S[m²], 투자율을 $\mu = \mu_0\mu_s$라 할 때, 환상 솔레노이드 내부 자계의 세기 $H = \dfrac{NI}{l}$[AT/m]이므로 자기회로의 자속 ϕ는 식 (3-32)와 같다.

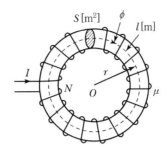

[그림 3-31] 환상 솔레노이드의 자기 인덕턴스

$$\phi = BS = \mu HS = \frac{\mu NIS}{l} [\text{H}] \cdots\cdots\cdots (3\text{-}32)$$

따라서 환상 솔레노이드의 자기 인덕턴스 L 은

$$L = \frac{N\phi}{I} = \frac{N}{I} \cdot \frac{\mu NIS}{l} = \frac{\mu_0 \mu_s N^2 S}{l} [\text{H}] \cdots\cdots\cdots (3\text{-}33)$$

이 된다.

+ 예제 3-26 감은 횟수가 40회인 코일에 0.4[A]의 전류를 흘렸을 때 1×10^{-3}[Wb]의 자속이 코일 전체를 쇄교하였다. 이 코일의 자기 인덕턴스[mH]를 구하여라.

풀이 자기 인덕턴스 $L = \dfrac{N\phi}{I} = \dfrac{40 \times 10^{-3}}{0.4} = 100 \times 10^{-3} = 100[\text{mH}]$

+ 예제 3-27 공심 환상 솔레노이드의 단면적이 5[cm^2], 자로의 평균 길이 25[cm], 코일 감은 횟수가 1,000회일 때 인덕턴스[H]를 구하여라.

풀이 $L = \dfrac{\mu_0 \mu_s N^2 S}{l} = \dfrac{4\pi \times 10^{-7} \times 1 \times 1,000^2 \times 5 \times 10^{-4}}{25 \times 10^{-2}} \fallingdotseq 2.51 \times 10^{-3}[\text{H}]$

3.8.2 상호 인덕턴스

(1) 상호유도

[그림 3-32]와 같이 하나의 자기회로에 2개의 코일을 감고 1차 코일에 전류를 흘리면, 이로 인하여 생긴 자속은 1차 코일을 쇄교하는 동시에 2차 코일과도 쇄교한다. 따라서 1차 코일의 전류가 변화하면 2차 코일에 쇄교하는 자속도 변하므로 2차 코일에는 자속의 변화를 방해하는 방향으로 유도기전력이 발생한다. 2차 코일에 흐르는 전류를 변화시켜도 1차 코일에 유도기전력이 발생한다. 이와 같이 한쪽 코일의 전류가 변화할 때 다른 쪽 코일에 유도기전력이 발생하는 현상을 상호유도(mutual induction)라 한다.

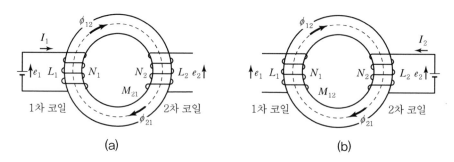

[그림 3-32] 상호유도

(2) 상호 인덕턴스

[그림 3-33]에서 1차 코일의 전류 I_1에 의한 2차 코일의 자속 쇄교수 $N_2 \phi_{21}$[Wb]는 I_1에 비례하므로 $N_2 \phi_{21} = M_{21} I_1$[Wb]의 관계가 성립하며 이 경우의 비례상수

$$M_{21} = \frac{N_2 \phi_{21}}{I_1}[\text{H}] \quad\cdots\cdots\cdots\cdots\cdots\cdots\cdots\cdots\cdots\cdots\cdots\cdots\cdots (3\text{-}34)$$

가 된다. 이것을 상호 인덕턴스라 하며, 상호 인덕턴스는 1, 2차 코일 간 상호유도작용은 전류를 교환하였을 때에도 성립하므로 값에는 변화가 없다. 따라서 2차 코일의 전류 I_2에 의하여 발생하는 1차 코일의 상호 인덕턴스 M_{12}값($M_{12} = \frac{N_1 \phi_{12}}{I_2}$[H])과 1차 코일의 전류 I_1에 의하여 발생하는 2차 코일의 상호 인덕턴스 M_{21}값은

$$M_{12} = M_{21} \quad\cdots\cdots\cdots\cdots\cdots\cdots\cdots\cdots\cdots\cdots\cdots\cdots\cdots\cdots (3\text{-}35)$$

의 관계가 성립한다.

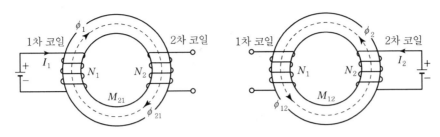

[그림 3-33] 상호 인덕턴스

(3) 자기 인덕턴스와 상호 인덕턴스의 관계식

[그림 3-34]와 같은 환상 솔레노이드에서 코일 1, 코일 2의 감은 횟수를 N_1, N_2회, 자기회로의 길이를 l[m], 단면적을 S[m²], 투자율을 $\mu = \mu_0 \mu_s$ 라 할 때, 누설자속이 없는 상태에서 코일 A, B의 자체 인덕턴스 L_1, L_2와 상호 인덕턴스 M은 각각 다음과 같다.

$$L_1 = \frac{\mu N_1^{\ 2} S}{l} \text{[H]} \quad \text{································· (3-36)}$$

$$L_2 = \frac{\mu N_2^{\ 2} S}{l} \text{[H]} \quad \text{································· (3-37)}$$

$$M = \frac{\mu N_1 N_2 S}{l} \text{[H]} \quad \text{································· (3-38)}$$

여기서, $\left(\dfrac{\mu N_1 N_2 S}{l} \right)^2 = \dfrac{\mu N_1^{\ 2} S}{l} \times \dfrac{\mu N_2^{\ 2} S}{l}$ 라 하면

$$M^2 = L_1 \times L_2 \quad \text{································· (3-39)}$$

이므로, 두 코일이 자기적으로 완전 결합되어 누설자속이 없다면 상호 인덕턴스 M은 $M = \sqrt{L_1 L_2}$ 이 된다.

그러나 실제적으로는 자속이 전부 쇄교하는 것이 아니고 누설자속이 있으므로 상호 인덕턴스 M은 다음과 같이 된다.

$$M = k \sqrt{L_1 L_2} \quad \text{································· (3-40)}$$

여기서, k를 결합계수라 하고 $0 < k \le 1$의 값을 갖는다.

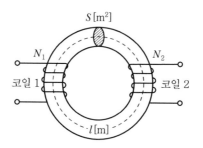

[그림 3-34] 상호 인덕턴스

+ 예제 3-28 자기 인덕턴스가 각각 160[mH], 250[mH]인 두 코일 사이의 상호 인덕턴스가 150[mH]이다. 이때 두 코일 사이의 결합계수 k를 구하여라.

풀이 $k = \dfrac{M}{\sqrt{L_1 L_2}} = \dfrac{150}{\sqrt{160 \times 250}} = \dfrac{150}{200} = 0.75$

+ 예제 3-29 감은 횟수 200회의 코일 P와 300회의 코일 S를 가까이 놓고 P에 1[A]의 전류를 흘릴 때 S와 쇄교하는 자속이 4×10^{-4}[Wb]이었다면 이들 코일 사이의 상호 인덕턴스는?

풀이 $M_{21} = \dfrac{N_2 \phi_{21}}{I_1}$ 에서 $M = \dfrac{300 \times 4 \times 10^{-4}}{1} = 0.12$[H]

3.8.3 코일의 접속

[그림 3-35]와 같이 두 개의 코일이 직렬로 접속되어 있고, 상호 인덕턴스 M으로 결합되어 있을 때, 두 코일에서 발생하는 자속이 반대 방향이면 **차동 접속**, 같은 방향이면 **가동(화동) 접속**이라 한다.

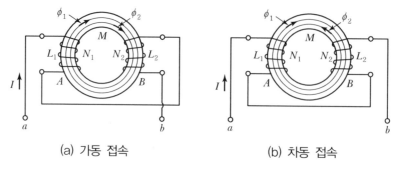

(a) 가동 접속   (b) 차동 접속

[그림 3-35] 코일의 접속

(1) 가동(화동) 접속

두 코일에서 발생한 자속의 방향이 같게 접속되어 있으면, 이를 가동 접속이라 하고, 단자 $a-b$에서 본 합성 인덕턴스 L_{ab}[H]의 값은 다음 식과 같다.

$$L_{ab} = L_1 + L_2 + 2M\,[\text{H}] \quad \cdots\cdots\cdots\cdots\cdots\cdots\cdots\cdots\cdots\cdots\cdots\cdots\cdots\cdots\cdots\cdots\cdots\cdots (3\text{-}41)$$

(2) 차동 접속

두 코일에서 발생한 자속의 방향이 역방향이 되도록 접속되어 있으면, 이를 **차동** 접속이라 하고, 단자 $a-b$에서 본 합성 인덕턴스 L_{ab}[H]의 값은 다음 식과 같다.

$$L_{ab} = L_1 + L_2 - 2M \quad \cdots\cdots\cdots\cdots\cdots\cdots\cdots\cdots\cdots\cdots\cdots\cdots\cdots\cdots\cdots\cdots\cdots (3\text{-}42)$$

+ 예제 3-30 $L_1 = 15$[mH], $L_2 = 10$[mH], $M = 10$[mH]인 두 개의 인덕턴스를 가동 접속과 차동 접속할 경우에 합성 인덕턴스[mH]를 구하여라.

풀이
- 가동 접속 : $L = L_1 + L_2 + 2M = 15 + 10 + 2 \times 10 = 45$[mH]
- 차동 접속 : $L = L_1 + L_2 - 2M = 15 + 10 - 2 \times 10 = 5$[mH]

3.8.4 전자 에너지

(1) 자기 인덕턴스에 축적되는 전자 에너지

코일에 전류가 흐르면 코일 주위에 자기장을 발생시켜 전자 에너지를 저장하게 된다. 따라서 자기 인덕턴스 L[H]인 코일에 I[A]의 전류가 흐를 때 코일 내에 축적되는 에너지 W[J]는

$$W = \frac{1}{2}LI^2\,[\text{J}] \quad \cdots\cdots\cdots\cdots\cdots\cdots\cdots\cdots\cdots\cdots\cdots\cdots\cdots\cdots\cdots\cdots\cdots (3\text{-}43)$$

이 된다.

+ 예제 3-31 자기 인덕턴스 100[mH]의 코일에 전류 10[A]를 흘렸을 때, 코일에 축적되는 에너지[J]를 구하여라.

풀이 $W = \frac{1}{2}LI^2 = \frac{1}{2} \times 100 \times 10^{-3} \times 10^2 = 5$[J]

(2) 단위체적에 축적되는 에너지

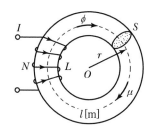

[그림 3-36] 단위체적에 축적되는 에너지

[그림 3-36]과 같이 코일의 감은 횟수 N회, 자기회로의 길이 l[m], 단면적 S[m^2], 투자율을 μ라 할 때, 자기 인덕턴스 $L = \dfrac{\mu N^2 S}{l}$[H]이므로 자기회로에 축적되는 에너지 W[J]은

$$W = \frac{1}{2}LI^2 = \frac{1}{2}\frac{\mu S N^2 I^2}{l} = \frac{1}{2}\mu\left(\frac{NI}{l}\right)^2 Sl[\text{J}] \cdots\cdots\cdots\cdots\cdots\cdots\cdots\cdots\cdots (3\text{-}44)$$

환상 솔레노이드 내부 자계의 세기는 $H = \dfrac{NI}{l}$[AT/m]이고, 자속밀도는 $B = \mu H$이므로 식 (3-44)에 대입하면 식 (3-45)와 같이 된다.

$$W = \frac{1}{2}\mu H^2 Sl = \frac{1}{2}\frac{B^2}{\mu}Sl = \frac{1}{2}BHSl[\text{J}] \cdots\cdots\cdots\cdots\cdots\cdots\cdots\cdots (3\text{-}45)$$

여기서, Sl[m^3]은 자기회로의 체적이고 단위체적에 축적되는 에너지는 $W_0 = \dfrac{W}{Sl}$가 되므로

$$W_0 = \frac{1}{2}\mu H^2 = \frac{1}{2}\frac{B^2}{\mu} = \frac{1}{2}BH[\text{J/m}^3] \cdots\cdots\cdots\cdots\cdots\cdots\cdots\cdots (3\text{-}46)$$

가 된다.

+ 예제 3-32 자속밀도 0.5[Wb/m^2]인 자기회로의 공극이 갖는 단위체적당의 에너지[J/m^3]를 구하여라.

풀이 $W_0 = \dfrac{1}{2}BH = \dfrac{1}{2}\dfrac{B^2}{\mu_0\mu_s} = \dfrac{0.5^2}{2 \times 4\pi \times 10^{-7} \times 1} \fallingdotseq 1 \times 10^5[\text{J/m}^3]$

+ 예제 3-33 자체 인덕턴스 20[mH]인 코일에 30[A]의 전류를 흘릴 때 축적되는 에너지를 구하여라.

풀이 $W = \dfrac{1}{2}LI^2 = \dfrac{1}{2} \times 20 \times 10^{-3} \times 30^2 = 9[\text{J}]$

3.8.5 히스테리시스 곡선과 손실

(1) 히스테리시스 곡선

철심 코일에서 전류를 증가시키면 자기의 세기 H는 전류에 비례하여 증가하지만 밀도 B는 비례하지 않고 [그림 3-37]의 $B-H$곡선과 같이 포화현상과 자기이력현상(이전의 자화상태가 이후의 자화상태에 영향을 주는 현상) 등이 일어나는데, 이와 같은 특성을 히스테리시스 곡선이라 한다.

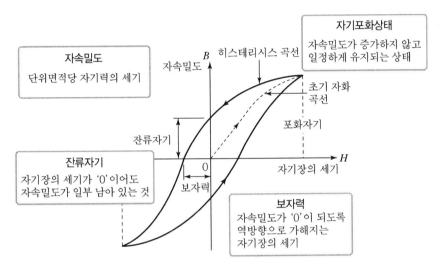

[그림 3-37] 히스테리시스 곡선

(2) 히스테리시스 손실

히스테리시스 곡선의 면적을 히스테리시스 손실이라 부른다. 이것은 일주자화 사이에 자성체의 단위체적 내에서 열로 되어 소실되는 에너지양과 같다. 자성체는 고투자율 재료로서는 투자율이 크고, 히스테리시스 손실이 작으며, 잔류자기가 작은 것이 바람직하다.

히스테리시스 손실은 다음 식으로 표시된다.

$$P_h = \eta_h f B_m^{1.6}[\mathrm{W/m^3}] \quad\text{\dotfill (3-47)}$$

여기서, η_h : 히스테리시스 상수, f : 주파수(Hz), B_m : 최대 자속밀도[Wb/m³]

4장 교류회로

4.1 교류회로의 기초

4.1.1 정현파 교류

[그림 4-1]과 같이 시간의 변화에 관계없이 그 크기와 방향이 일정한 전압, 전류를 직류(DC : Direct Current)라 하며, [그림 4-2]와 같이 그 크기와 방향이 주기적으로 변화하는 전압, 전류를 교류(AC : Alternating Current)라 한다.

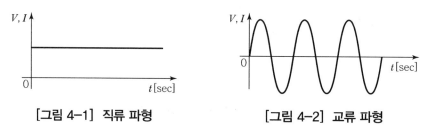

[그림 4-1] 직류 파형   [그림 4-2] 교류 파형

(1) 정현파 기전력의 발생

[그림 4-3]에서와 같이 평등 자기장 중에 전기자 도체를 놓고 시계방향으로 회전시키면 도체가 자속을 끊으면서 그 크기와 방향이 변하는 유도기전력이 발생한다.

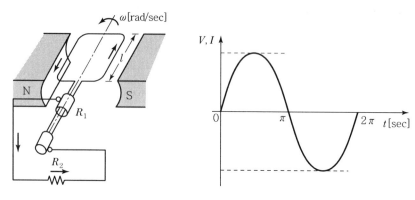

[그림 4-3] 2극 발전기의 원리도   [그림 4-4] 정현파 기전력 파형

(2) 주기와 주파수

① 주기(T) : 1사이클을 이루는 데 걸리는 시간[sec]을 말한다.

② 주파수(f) : 1[sec] 동안에 반복하는 사이클의 수를 나타내며, 단위는 헤르츠(hertz, [Hz])를 사용한다.

③ 주기와 주파수의 관계

$$T = \frac{1}{f}[\text{sec}] \quad \cdots\cdots\cdots\cdots\cdots\cdots\cdots\cdots\cdots\cdots\cdots\cdots\cdots\cdots\cdots\cdots\cdots (4-1)$$

$$f = \frac{1}{T}[\text{Hz}] \quad \cdots\cdots\cdots\cdots\cdots\cdots\cdots\cdots\cdots\cdots\cdots\cdots\cdots\cdots\cdots\cdots\cdots (4-2)$$

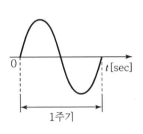

[그림 4-5] 주기

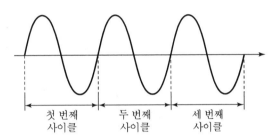

[그림 4-6] 사이클

+ 예제 4-1 　주기 $T = 0.005$[sec]일 때 주파수 f[Hz]를 구하여라.

풀이 　$f = \dfrac{1}{T} = \dfrac{1}{0.005} = 200[\text{Hz}]$

(3) 각의 크기를 나타내는 방법

① 도수법 : 각의 크기를 도($°$)로 나타내는 방법으로 한 바퀴를 360°로 정하고 각의 크기를 단위 °(도)로 표기하는 방법이다.

② 호도법 : 각의 크기를 라디안(Radian)으로 나타내는 방법으로 호의 길이로 각도를 표시하는 방법이다. 단위는 라디안(radian, [rad])을 사용하며, [그림 4-7]과 같이 반지름의 길이와 호의 길이가 같을 때 각의 크기를 1[rad]이라 한다. 따라서 반지름 1[m]인 원의 원주의 길이는 2π[m]가 되므로 각도 360[°]는 2π[rad]이 된다.

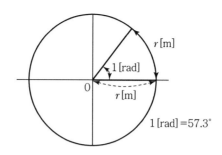

[그림 4-7] 1[rad]

③ 도수법과 호도법의 관계 : [그림 4-8]과 같다.

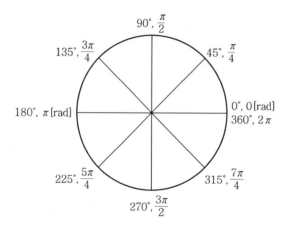

[그림 4-8] 도수법과 호도법의 관계

④ 각주파수(ω) : 1[sec] 동안에 회전한 각도[rad]를 나타내며 각속도 또는 각주파수라 한다. 기호는 ω, 단위는 [rad/sec]를 사용한다. 1주기 T[sec]간에는 2π[rad]만큼 증가하므로 1[sec]간에는 $\dfrac{2\pi}{T}$[rad]만큼 증가한다. 따라서

$$\omega = \frac{2\pi}{T} = 2\pi f\,[\text{rad/sec}] \quad\cdots\cdots\cdots\cdots\cdots\cdots\cdots\cdots\cdots\cdots\cdots\cdots\cdots\cdots\cdots\cdots\cdots (4\text{-}3)$$

의 관계가 있다.

＋예제 4-2 각속도 $\omega = 376.8$[rad/sec]인 사인파 교류의 주파수[Hz]를 구하여라.

풀이 $f = \dfrac{\omega}{2\pi} = \dfrac{376.8}{2\pi} = 60\,[\text{Hz}]$

4.1.2 교류 일반식

시간에 따라 [그림 4-9]와 같이 변화하는 파형은 오실로스코프에서 볼 수 있으며 수학적으로 다음과 같이 표현할 수 있다.

$$v(t) = V_m \sin \omega t \, [\text{V}] \quad \cdots\cdots\cdots\cdots\cdots\cdots\cdots\cdots\cdots\cdots\cdots\cdots\cdots\cdots\cdots\cdots\cdots (4\text{-}4)$$

여기서, V_m은 전압의 최댓값을 나타내며, ωt는 [rad]각을 나타낸다.

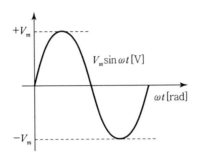

[그림 4-9] 정현파

(1) 위상

교류 일반식 $v(t) = V_m \sin \omega t \, [\text{V}]$는 시간의 기점을 전압값이 0을 지나 상승되기 시작하는 점을 기준으로 한 식이다. 이 기점을 [그림 4-10]에서와 같이 여러 가지로 택하면

$$v(t) = V_m \sin \omega t \, [\text{V}]$$
$$v_1(t) = V_m \sin(\omega t - \theta_1) \, [\text{V}]$$
$$v_2(t) = V_m \sin(\omega t + \theta_1) \, [\text{V}]$$

로 나타낼 수 있다.

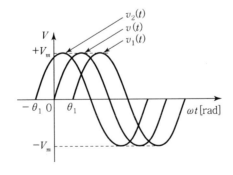

[그림 4-10] 정현파 교류의 위상

따라서 교류 정현(sin)파 전압을 수식으로 나타내면

$$v(t) = V_m \sin(\omega t \pm \theta)[\text{V}] \cdots\cdots\cdots\cdots\cdots\cdots\cdots\cdots\cdots\cdots\cdots (4\text{-}5)$$

로 표시된다. 이 식에서 θ를 위상(phase) 또는 위상각이라 한다.

$v(t) = V_m \sin \omega t[\text{V}]$인 파형을 위상각이 0°인 파형이라 하며 항상 이 파형을 기준으로 하여 $v_1(t) = V_m \sin(\omega t - \theta_1)[\text{V}]$인 파형은 위상이 θ_1만큼 뒤지고, $v_2(t) = V_m \sin(\omega t + \theta_1)[\text{V}]$인 파형은 위상이 θ_1만큼 앞선다고 표현한다.

(2) 정현파 교류의 크기

교류는 시간의 변화에 따라 그 크기와 방향이 변한다. 시간에 따라 변화하는 교류의 전압, 전류의 크기는 순싯값($v(t)$, $i(t)$), 최댓값(V_m, I_m), 평균값(V_{av}, I_{av}), 실횻값(V, I) 등으로 표시하고 있으며, 일반적으로 특별한 언급이 없을 때는 실횻값을 가리킨다.

① 순싯값($v(t)$, $i(t)$)

시간의 변화에 따라 순간순간 나타나는 정현파의 값을 의미하기 때문에 순싯값 또는 순시치 (instantaneous value)라 하며 $v(t) = V_m \sin(\omega t \pm \theta)[\text{V}]$식과 같이 표현한 값을 순싯값 표시식 이라 한다. 통상 순싯값은 소문자로 표시한다.

$$
\begin{aligned}
v(t) &= 10\sin 2\pi f t \\
&= 10\sin \frac{2\pi}{T} t \\
&= 10\sin \frac{2\pi}{20 \times 10^{-6}} t \\
&= 10\sin \pi \times 10^5 t \,[\text{V}]
\end{aligned}
$$

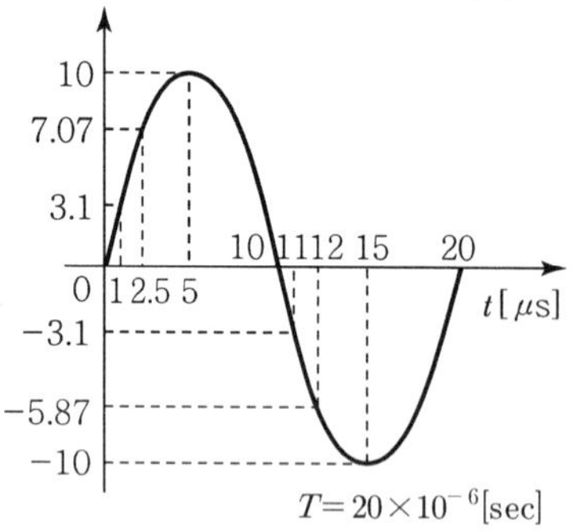

$t = 1 \times 10^{-6}[\text{sec}]$일 때
$$
\begin{aligned}
v(t) &= 10\sin \pi \times 10^5 \times (1 \times 10^{-6}) \\
&= 10\sin \frac{\pi}{10} = 10\sin 18° = 3.09[\text{V}]
\end{aligned}
$$

$t = 5 \times 10^{-6}[\text{sec}]$일 때
$$
\begin{aligned}
v(t) &= 10\sin \pi \times 10^5 \times (5 \times 10^{-6}) \\
&= 10\sin \frac{\pi}{2} = 10\sin 90° = 10[\text{V}]
\end{aligned}
$$

$t = 12 \times 10^{-6}[\text{sec}]$일 때
$$
\begin{aligned}
v(t) &= 10\sin \pi \times 10^5 \times (12 \times 10^{-6}) \\
&= 10\sin \frac{12\pi}{10} = 10\sin 216° = -5.87[\text{V}]
\end{aligned}
$$

[그림 4-11] 사인파 전압의 순싯값의 예

[그림 4-11]에서 순싯값이 1$[\mu s]$에서 3.1[V], 2.5$[\mu s]$에서 7.07[V], 5$[\mu s]$에서 10[V], 12 $[\mu s]$에서 -5.87[V]이다.

+ 예제 4-3 크기 50[V], 위상이 60°(진상), 각속도 ω[rad/sec]인 교류 사인파 전압의 순싯값을 표시하는 식을 구하여라.

풀이 $v(t) = 50\sqrt{2}\sin(\omega t + 60°)[V]$

② 최댓값(V_m, I_m)

순싯값 중에서 가장 큰 값 V_m을 최댓값(maximum value)이라 한다. 최댓값과 실횻값(V), 평균값(V_{av})의 관계는

$$V_m = \sqrt{2}\,V = \frac{\pi}{2}\,V_{av} \quad\cdots\cdots\cdots\cdots\cdots\cdots\cdots\cdots\cdots\cdots\cdots\cdots\cdots\cdots\cdots\cdots\cdots\cdots\cdots\cdots\cdots\cdots (4\text{-}6)$$

으로 표시할 수 있다.

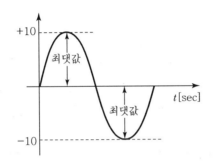

[그림 4-12] 사인파 전압의 최댓값의 예

[그림 4-12]에서 최댓값은 10[V]이다.

③ 평균값(V_{av}, I_{av})

반주기 동안 순싯값의 평균을 평균값 또는 평균치(average value or mean value)라고 한다. 평균값(V_{av})과 최댓값(V_m)의 관계는

$$V_{av} = \frac{2}{\pi}\,V_m \fallingdotseq 0.637\,V_m \quad\cdots\cdots\cdots\cdots\cdots\cdots\cdots\cdots\cdots\cdots\cdots\cdots\cdots\cdots\cdots\cdots\cdots\cdots\cdots\cdots (4\text{-}7)$$

로 표시할 수 있다.

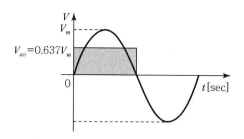

[그림 4-13] 사인파의 반주기 평균값

+ 예제 4-4 어떤 정현파 전압의 평균값이 191[V]이면 최댓값[V]은 얼마인지 구하여라.

풀이 정현파에서 $V_{av} = \dfrac{2\,V_m}{\pi}$ 이므로 $V_m = \dfrac{\pi}{2}\,V_{av} = \dfrac{\pi}{2} \times 191 = 300[\text{V}]$

④ 실횻값($V,\ I$)

교류전류 i의 기준 크기는 일반적으로 이것과 동일한 일을 하는 직류 전류 I의 크기로 나타내며, 이 크기 $I[\text{A}]$를 교류 전류 $i[\text{A}]$의 실횻값(effective value)이라 한다. 즉, 교류의 실횻값은 저항 내에서 소비되는 전력이 동일하게 되는 직류의 값으로 나타낸다. 실횻값과 최댓값의 관계는

$$V = \frac{1}{\sqrt{2}}\,V_m = 0.707\,V_m \quad\cdots\cdots\cdots\cdots\cdots\cdots\cdots\cdots\cdots\cdots\cdots\cdots\cdots\cdots\cdots\cdots\cdots\cdots (4\text{-}8)$$

로 나타낼 수 있다.

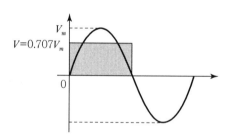

[그림 4-14] 사인파의 반주기 실횻값

+ 예제 4-5 $v(t) = 141\sin \omega t[\text{V}]$의 실횻값을 구하여라.

풀이 $V_m = \sqrt{2}\,V$로부터 $V = \dfrac{V_m}{\sqrt{2}} = \dfrac{141.4}{1.414} = 100[\text{V}]$

⑤ **파형률**

파형률이란 교류 파형에서 실횻값을 평균값으로 나눈 값을 말한다. 예를 들어, 정현파의 파형률은 1.11, 삼각파는 1.155, 구형파는 1이다. 이 값이 커질수록 직류 파형에 가까워진다.

$$파형률 = \frac{실횻값}{평균값}$$ ·· (4-9)

⑥ **파고율**

파고율이란 교류 파형의 최댓값을 실횻값으로 나눈 값을 말한다. 예를 들어, 사인파는 1.414이다.

$$파고율 = \frac{최댓값}{실횻값}$$ ·· (4-10)

+ 예제 4-6 정현파 전압 $v(t) = V_m \sin \omega t [V]$의 파형률과 파고율을 구하여라.

풀이 실횻값 $V = \frac{V_m}{\sqrt{2}}$ [V], 평균값 $V_{av} = \frac{2}{\pi} V_m$이므로

$$파형률 = \frac{\frac{V_m}{\sqrt{2}}}{\frac{2}{\pi} V_m} = \frac{\pi}{2\sqrt{2}} \fallingdotseq 1.11$$

$$파고율 = \frac{V_m}{\frac{V_m}{\sqrt{2}}} = \sqrt{2} \fallingdotseq 1.414$$

4.2 교류의 복소수 계산

교류회로에서는 벡터를 복소수로 표시하여 이용하면 교류회로도를 보다 쉽게 대수적으로 계산할 수 있다.

4.2.1 스칼라와 벡터

자연계에서 물리량은 길이나 온도 등과 같이 크기만을 가지는 스칼라(scalar)양과 힘, 속도, 교류전압 전류 등 크기와 방향을 동시에 가지는 벡터(vector)양으로 나눌 수 있다.

4.2.2 복소수에 의한 벡터 표시

(1) 복소수

복소수는 실수(real number)와 허수(imaginary number)의 합으로 표시되는 수로서 다음과 같이 표시된다.

$$\dot{A} = a + jb \quad\text{(4-11)}$$

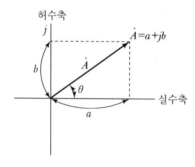

[그림 4-15] 복소수

여기서, a를 복소수 $\dot{A}$ 의 실수부(real part), b를 허수부(imaginary part)라 하고 j는 허수 성분을 표시하기 위해 쓰인다.

$$j = \sqrt{-1} \ \text{ 또는 } \ j^2 = -1 \quad\text{(4-12)}$$

그리고 이 복소수의 절댓값(absolute value)은 $|A| = A$, 편각(argument) 또는 위상각 θ는 다음과 같이 표시한다.

$$|A| = A = \sqrt{a^2 + b^2} \quad \cdots\cdots\cdots\cdots\cdots\cdots\cdots\cdots\cdots\cdots \text{(4-13)}$$

$$\theta = \tan^{-1} \frac{b}{a} [°] \quad \cdots\cdots\cdots\cdots\cdots\cdots\cdots\cdots\cdots\cdots\cdots\cdots\cdots \text{(4-14)}$$

(2) 직각 좌표 표시

복소수를 나타내는 방법에는 두 가지가 있다. 직각 좌표계와 극 좌표계이다.

[그림 4-16]과 같이 직각 좌표상의 한 점 P는 원점에서의 거리 a와 b에 의해 정해진다. 직각 좌표의 횡축을 실수로, 종축을 허수로 표시하면 $\dot{A} = a + jb$가 된다.

여기서, a는 실수, jb는 허수라고 한다.(여기서, $j = \sqrt{-1}$의 값을 가진다.) $|A|$는 벡터 A의 크기를 나타내고 θ는 벡터 A의 방향을 나타낸다.

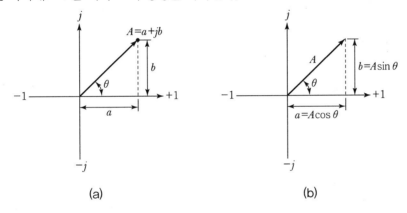

(a)   (b)

[그림 4-16] 복소수의 직각 좌표 표시

복소수 $\dot{A} = a + jb$

• $\dot{A}$의 크기

　$|A| = \sqrt{a^2 + b^2}$

• $\dot{A}$의 편각

　$\theta = \tan^{-1} \dfrac{b}{a}$ 에서

　$a = |A|\cos\theta,\ b = |A|\sin\theta$로 표시되므로

$$\dot{A} = |A|\cos\theta + j|A|\sin\theta = |A|(\cos\theta + j\sin\theta) \quad \cdots\cdots\cdots\cdots\cdots\cdots \text{(4-15)}$$

로 표시할 수 있다.

(3) 극 좌표 표시

복소수 $\dot{A} = a + jb$를 크기와 편각을 이용하여 표시하는 방법으로, 극 좌표 형식은 다음과 같이 나타낼 수 있다.

$$\dot{A} = |A| \angle \theta$$

[그림 4-17]에서 A는 크기만 나타내고, θ는 양의 실수축으로부터 반시계 방향의 각도를 나타낸다.

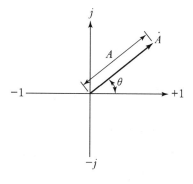

[그림 4-17] 복소수의 극 좌표 표시

(4) 직각 좌표, 극 좌표 형태 변환

직각 좌표계에서 극 좌표계로 변환하면

- $\dot{A}$의 크기

  $|A| = \sqrt{a^2 + b^2}$ 이고

- $\dot{A}$의 편각

  $\theta = \tan^{-1} \dfrac{b}{a}$ 이므로

  $\dot{A} = |A| \angle \theta$로 표시할 수 있다.

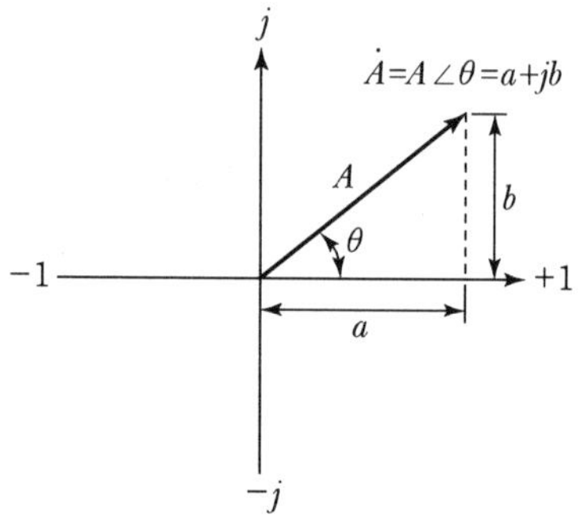

[그림 4-18] 직각 좌표, 극 좌표 형태 변환

극 좌표계에서 직각 좌표계로 변환하면

$\dot{A} = |A| \angle \theta = a + jb$에서

$a = |A| \cos\theta$

$b = |A| \sin\theta$로 표시되므로

$\dot{A} = |A| \cos\theta + j|A| \sin\theta = |A|(\cos\theta + j\sin\theta)$

로 표시할 수 있다.

＋ 예제 4-7　$C = 3 + j4$를 극 좌표계로 변환하면?

풀이　$|C| = \sqrt{3^2 + 4^2} = \sqrt{25} = 5$,　$\theta = \tan^{-1} \dfrac{4}{3} = 53.13°$

따라서 $C = 5 \angle 53.13°$

+ 예제 4-8 극좌표 $C = 10\angle 60°$를 직각 좌표계로 표시하면?

풀이 $a = 10\cos 60° = 10 \times \dfrac{1}{2} = 5$, $b = 10\sin 60° = 10 \times \dfrac{\sqrt{3}}{2} = 10 \times 0.866 = 8.66$

따라서 $C = 5 + j8.66$

(5) 켤레 복소수

켤레 복소수의(conjugate)는 간단히 직각 좌표계에서 나타난 허수 부분의 부호만 바꾸어 주거나, 극 좌표계에서는 각도의 부호를 바꾸어 주면 구할 수 있다.

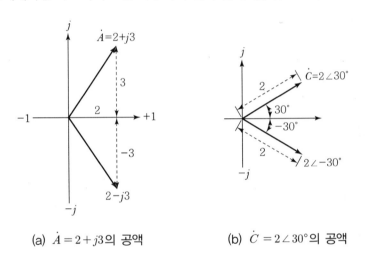

(a) $\dot{A} = 2 + j3$의 공액   (b) $\dot{C} = 2\angle 30°$의 공액

[그림 4-19] 복소수의 공액

예를 들면, 복소수 $\dot{A} = 2 + j3$의 공액은 $2 - j3$이 되고, 극좌표 $\dot{C} = 2\angle 30°$의 공액은 $2\angle -30°$이 된다.

4.2.3 복소수의 사칙 연산

두 복소수가 $A_1 = a_1 + jb_1$, $A_2 = a_2 + jb_2$이라면

(1) 덧셈

두 복소수의 합은 실수부는 실수부끼리, 허수부는 허수부끼리 합을 구하면 된다.

$$A = A_1 + A_2 = (a_1 + jb_1) + (a_2 + jb_2) = (a_1 + a_2) + j(b_1 + b_2) \quad \cdots\cdots\cdots\cdots\cdots (4\text{-}16)$$

(2) 뺄셈

두 복소수의 차는 실수부는 실수부끼리, 허수부는 허수부끼리의 차를 구하면 된다.

$$\dot{A} = \dot{A}_1 - \dot{A}_2 = (a_1 + jb_1) - (a_2 + jb_2) = (a_1 - a_2) + j(b_1 - b_2) \cdots\cdots\cdots (4\text{-}17)$$

(3) 곱셈

$$\dot{A} = \dot{A}_1 \times \dot{A}_2 = (a_1 + jb_1) \times (a_2 + jb_2) = (a_1 a_2 - b_1 b_2) + j(a_1 b_2 + a_2 b_1) \cdots\cdots (4\text{-}18)$$

또한 극 좌표계로 곱셈을 하려면

$\dot{A}_1 = |A|_1 \angle \theta_1, \ \dot{A}_2 = |A_2| \angle \theta_2$일 때

$$\dot{A}_1 \cdot \dot{A}_2 = |A_1| \angle \theta_1 \cdot |A_2| \angle \theta_2 = |A_1||A_2| \angle \theta_1 + \theta_2 \cdots\cdots\cdots\cdots\cdots\cdots\cdots (4\text{-}19)$$

로 크기는 곱하고 각은 더하면 된다.

(4) 나눗셈

$$\dot{A} = \frac{\dot{A}_1}{\dot{A}_2} = \frac{a_1 + jb_1}{a_2 + jb_2} = \frac{(a_1 + jb_1)(a_2 - jb_2)}{(a_2 + jb_2)(a_2 - jb_2)} = \frac{a_1 a_2 + b_1 b_2}{a_2{}^2 + b_2{}^2} + j\frac{a_2 b_1 - a_1 b_2}{a_2{}^2 + b_2{}^2} \cdots\cdots (4\text{-}20)$$

또한 극 좌표계로 나눗셈을 하려면

$A_1 = |A_1| \angle \theta_1, \ A_2 = |A_2| \angle \theta_2$일 때

$$\frac{\dot{A}_1}{\dot{A}_2} = \frac{|A_1| \angle \theta_1}{|A_2| \angle \theta_2} = \frac{|A_1|}{|A_2|} \angle \theta_1 - \theta_2 \cdots\cdots\cdots\cdots\cdots\cdots\cdots\cdots\cdots\cdots\cdots\cdots (4\text{-}21)$$

로 크기는 나누고 각은 빼면 된다.

(5) 직각 좌표계의 역수

분모와 분자에 각각 분모의 공액을 곱하여 직각 좌표계의 역수를 구할 수 있다.

$$\frac{1}{a + jb} = \left(\frac{1}{a + jb}\right)\left(\frac{a - jb}{a - jb}\right) = \frac{a - jb}{a^2 + b^2} = \frac{a}{a^2 + b^2} - j\frac{b}{a^2 + b^2} \cdots\cdots\cdots\cdots (4\text{-}22)$$

극 좌표계에서의 역수는

$$\frac{1}{|A| \angle \theta} = \frac{1}{|A|} \angle - \theta \cdots\cdots\cdots\cdots\cdots\cdots\cdots\cdots\cdots\cdots\cdots\cdots\cdots\cdots\cdots\cdots (4\text{-}23)$$

4.2.4 임피던스와 페이저

페이저(phasor)는 사인파와 같이 시간에 따라 변화하는 양을 크기와 위상으로 나타내는 것을 말하며 교류회로에서 정현파 전압, 전류의 해석의 방법으로 페이저를 사용하면 보다 쉽게 계산을 할 수 있다.

정현파 전압 $v(t) = \sqrt{2}\,V\sin(\omega t + \theta)$[V]을 페이저로 나타내면 $\dot{V} = V\angle\theta°$[V]이다.

같은 방법으로 $i(t) = \sqrt{2}\,I\sin(\omega t - \theta)$[A]를 페이저로 나타내면 $\dot{I} = I\angle - \theta°$[A]이다.

여기서, V와 I는 실횻값이고, θ는 페이저 각이다. 페이저는 정현파를 기준으로 하며 주파수는 표시하지 않는다.

이와 같이 페이저는 정현파 전압이나 전류를 실효치와 위상각으로 나타낸 하나의 복소수이다.

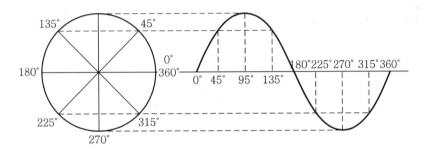

[그림 4-20] 회전하는 페이저로 나타낸 사인파

4.2.5 기본회로에 대한 벡터 표시

(1) 저항(R)소자

[그림 4-21]에서 전류 $i = \dfrac{v}{R} = \dfrac{V_m}{R}\sin\omega t$이므로 저항회로에 흐르는 전류 I_m은 $I_m = \dfrac{V_m}{R}$[A] 또는 $V_m = I_m R$로 나타낼 수 있다. 이 값을 실횻값으로 표시하면 $V_m = \sqrt{2}\,I$, $I_m = \sqrt{2}\,I$이므로 $I = \dfrac{V}{R}$[A] 또는 $V = RI$[V]가 된다.

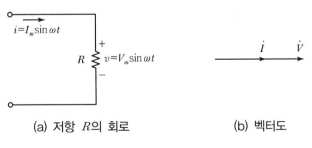

(a) 저항 R의 회로   (b) 벡터도

[그림 4 21] 저항소자

전압의 순싯값 $v = V_m \sin \omega t$를 페이저형(극 좌표 형식)으로 표시하면 $\dot{V} = V \angle 0°$가 된다. 따라서

$$\dot{I} = \frac{V \angle 0°}{R} = \frac{V}{R} \angle 0° \quad \cdots\cdots\cdots\cdots\cdots\cdots\cdots\cdots\cdots\cdots\cdots\cdots\cdots\cdots\cdots\cdots\cdots\cdots\cdots \quad (4\text{-}24)$$

가 되고 이것을 시간함수 형식으로 표시하면

$$i(t) = \sqrt{2}\left(\frac{V}{R}\right)\sin \omega t = I_m \sin \omega t [\mathrm{A}] \quad \cdots\cdots\cdots\cdots\cdots\cdots\cdots\cdots\cdots\cdots\cdots\cdots \quad (4\text{-}25)$$

가 된다.

+ 예제 4-9 극 좌표를 이용하여 다음 그림에 나타난 회로의 전압과 전류의 파형 및 벡터도를 그려라.

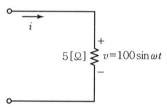

풀이 $v(t) = 100 \sin \omega t$를 페이저형으로 표시하면

$$\dot{V} = \frac{100}{\sqrt{2}} \angle 0° = 70.71 \angle 0° [\mathrm{V}]$$

$$\dot{I} = \frac{\dot{V}}{R} = \frac{70.71 \angle 0°}{5} = 14.14 \angle 0°$$

$$i(t) = \sqrt{2}(14.14)\sin \omega t = 20 \sin \omega t [\mathrm{A}]$$

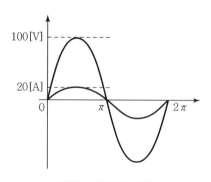

전압 · 전류의 파형

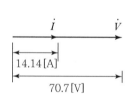

벡터도

(2) 유도성 리액턴스(X_L)

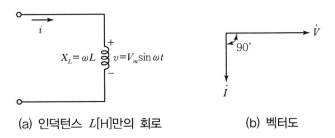

(a) 인덕턴스 L[H]만의 회로   (b) 벡터도

[그림 4-22] 유도성 리액턴스

회로에 흐르는 전류 I[A]는 $I = \dfrac{V}{X_L} = \dfrac{V}{\omega L} = \dfrac{V}{2\pi f L}$[A]에서 기호법으로 표시하면, 전류 I의

위상은 전압 V보다 $\dfrac{\pi}{2}$[rad] 뒤지므로 $\dot{I} = \dfrac{V}{j\omega L}$[A] 또는 $\dot{V} = j\omega L I$[V]로 나타낼 수 있다.

인덕턴스에서는 전압이 전류보다 $\dfrac{\pi}{2}$[rad] 앞서고, 코일의 리액턴스 $X_L = \omega L$이므로

$v(t) = V_m \sin \omega t$는 페이저 형식으로 $\dot{V} = V\angle 0°$로 표시할 수 있다.

따라서

$$\dot{I} = \frac{V\angle 0°}{X_L \angle 90°} = \frac{V}{X_L} \angle -90°[\text{A}] \quad\cdots\cdots\cdots (4\text{-}26)$$

이 된다.

그러므로 순싯값으로 표시하면

$$i(t) = \sqrt{2}\,(\frac{V}{X_L})\sin(\omega t - 90°) = \sqrt{2}\,I\sin(\omega t - 90°)[\text{A}] \quad\cdots\cdots (4\text{-}27)$$

이 된다.

+ 예제 4-10   페이저 대수를 이용하여 다음 그림에 나타난 회로의 전류 i를 구하고 전압과
전류의 파형을 그려라.

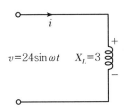

풀이 $v = 24\sin\omega t$의 페이저형은 $V = \dfrac{24}{\sqrt{2}} \angle 0° = 16.97 \angle 0° \,[\text{V}]$

$$I = \frac{V}{X_L} = \frac{16.97 \angle 0°}{3 \angle 90°} = 5.656 \angle -90° \,[\text{A}]$$

$$i = 5.656\sqrt{2}\sin(\omega t - 90°) = 8\sin(\omega t - 90°)\,[\text{A}]$$

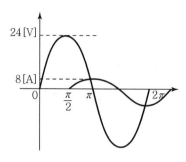

(3) 용량성 리액턴스(X_C)

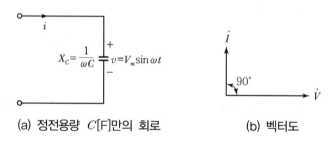

(a) 정전용량 $C[\text{F}]$만의 회로　　　　(b) 벡터도

[그림 4-23] 용량성 리액턴스

회로에 흐르는 전류 $I\,[\text{A}]$는 $I = \dfrac{V}{X_C} = \dfrac{V}{\dfrac{1}{\omega C}} = \dfrac{V}{\dfrac{1}{2\pi f C}} \,[\text{A}]$가 되고, 기호법으로 표시하면 전

류 I의 위상은 전압 V보다 $\dfrac{\pi}{2}\,[\text{rad}]$ 앞서므로

$$\dot{I} = j\frac{\dot{V}}{\dfrac{1}{\omega C}} = \frac{V}{-j\dfrac{1}{\omega C}}\,[\text{A}] \ \text{또는} \ \dot{V} = \frac{1}{j\omega C}I = -j\frac{1}{\omega C}I\,[\text{V}]$$

$v = V_m\sin\omega t$의 페이저형 $V = V\angle 0°\,[\text{V}]$이므로

$$\dot{I} = \frac{V\angle 0°}{X_C \angle -90°} = \frac{V}{X_C}\angle 90°\,[\text{A}] \ \cdots\cdots\cdots\cdots\cdots\cdots\cdots\cdots\cdots\cdots\cdots\cdots\cdots (4\text{-}28)$$

이 된다. 이것을 순싯값으로 표시하면

$$i = \sqrt{2}\,\frac{V}{X_C}\sin\left(\omega t + 90°\right)[\mathrm{A}] \quad\cdots\cdots\cdots\cdots\cdots\cdots\cdots\cdots (4\text{-}29)$$

로 표시할 수 있다.

+ 예제 4-11 페이저도를 이용하여 그림에 나타난 회로에서의 전류 i를 구하고 전압과 전류의 파형을 그려라.

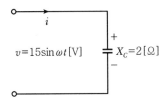

풀이 $v = 15\sin \omega t$의 페이저 표시 $V = \dfrac{15}{\sqrt{2}} \angle 0°[\mathrm{V}]$

$$I = \frac{V}{X_C} = \frac{V \angle 0°}{X_C \angle -90°} = \frac{10.6 \angle 0°}{2 \angle -90°} = 5.303 \angle 90°[\mathrm{A}]$$

$$i = 5.303\sqrt{2}\sin\left(\omega t + 90°\right) = 7.5\sin\left(\omega t + 90°\right)[\mathrm{A}]$$

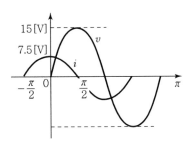

4.3 단상 교류회로

4.3.1 기본회로

(1) 저항 R만의 회로

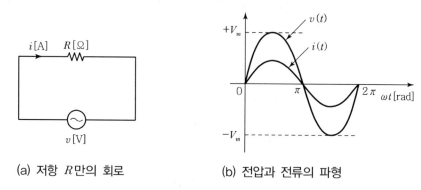

(a) 저항 R만의 회로   (b) 전압과 전류의 파형

[그림 4-24] 저항 R만의 회로

[그림 4-24]와 같이 저항 R만의 회로에 정현파 교류전압 $v(t) = V_m \sin\omega t\,[\text{V}]$를 인가했을 때 흐르는 전류 $i\,[\text{A}]$는

$i = \dfrac{v}{R}\,[\text{A}]$의 옴의 법칙에 의해

$$i = \frac{v}{R} = \frac{V_m}{R}\sin\omega t = I_m \sin\omega t = \sqrt{2}\,I\sin\omega t\,[\text{A}] \quad\cdots\cdots\cdots\cdots\cdots\cdots\cdots\text{(4-30)}$$

과 같이 된다. 여기서 전류의 최댓값 $I_m = \dfrac{V_m}{R} = \sqrt{2}\,I$가 된다. I는 전류의 실횻값을 나타낸다.

이와 같은 내용을 다시 정리하면 다음과 같다.

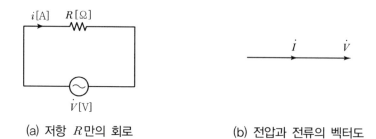

(a) 저항 R만의 회로   (b) 전압과 전류의 벡터도

[그림 4-25] 저항 R만의 회로와 벡터도

① 전압과 전류의 실횻값을 $\dot{V}$ 및 $\dot{I}$ 라 하면, $\dot{I} = \dfrac{\dot{V}}{R}$[A]이다.

② 전압과 전류는 위상이 같다.

③ 사인파 전압은 사인파 전류를 만든다.

＋ 예제 4-12 5[Ω]의 저항회로에 $v(t) = 50\sqrt{2}\sin\omega t$[V]의 전압을 가했을 때 순시 전룻값과 전류의 실횻값은?

풀이 순시 전룻값 $i = \dfrac{v}{R} = \dfrac{50\sqrt{2}}{5}\sin\omega t = 10\sqrt{2}\sin\omega t$[A]

전류의 실횻값 $I = \dfrac{I_m}{\sqrt{2}} = \dfrac{10\sqrt{2}}{\sqrt{2}} = 10$[A]

(2) 인덕턴스 L만의 회로

[그림 4-26]과 같이 인덕턴스만의 회로에 교류전원을 연결하고, 전원전압의 주파수를 변화시키면 전류의 크기가 변화한다. 즉, 주파수가 증가하면 전류의 크기가 감소하고, 주파수가 감소하면 전류의 크기는 증가한다.

일정한 전압에서 주파수(f[Hz])가 증가하면 자속의 변화가 커져 렌츠의 법칙에 따라 역기전력이 증가하기 때문에 전류가 감소하게 된다. 이것은 전류를 방해하는 정도가 커졌다는 것을 의미하기 때문에 인덕턴스에 흐르는 전류는 인가전압의 주파수(f[Hz])에 반비례함을 알 수 있다.

인덕턴스가 정현파 전류를 방해하는 것을 유도성 리액턴스(inductive reactance)라 한다.

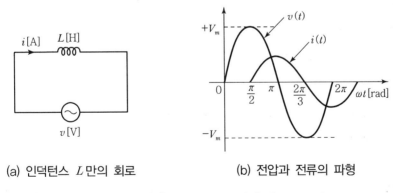

(a) 인덕턴스 L만의 회로 (b) 전압과 전류의 파형

[그림 4-26] 인덕턴스 L만의 회로

[그림 4-26]과 같이 자기 인덕턴스 L[H]만의 회로에 $i = I_m\sin\omega t$ [V]인 정현파 교류전류가 흐르게 되면 인덕턴스(L) 양단에 유기되는 전압은 패러데이 법칙에 의해

$$v = L\frac{di}{dt} = L\frac{d}{dt}I_m\sin\omega t = \omega L I_m\cos\omega t = \omega L I_m\sin\left(\omega t + \frac{\pi}{2}\right)[A] \quad\text{.................} (4\text{-}31)$$

이 된다.

식 (4-31)에서 전압 v의 위상은 전류 i의 위상보다 $\frac{\pi}{2}$[rad]만큼 앞선다는 것을 알 수 있다. 또한 옴의 법칙과 비교하면 유도성 리액턴스 X_L은

$$X_L = \omega L = 2\pi f L[\Omega] \quad\text{..} (4\text{-}32)$$

이다.

이와 같은 내용을 다시 정리하면 다음과 같다.

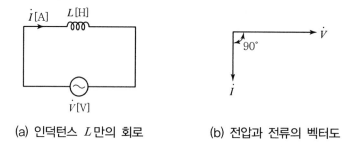

(a) 인덕턴스 L만의 회로   (b) 전압과 전류의 벡터도

[그림 4-27] 인덕턴스 L만의 회로와 벡터도

① 전압과 전류의 실횻값이 V 및 I이고 유도성 리액턴스를 X_L이라 하면

$V = X_L I = \omega L I[V]$, $I = \dfrac{V}{X_L} = \dfrac{V}{\omega L}[A]$가 된다.

② 유도 리액턴스 : 기호는 X_L로 표시하며 단위는 저항과 같은 [Ω]을 사용한다.

$X_L = \omega L = 2\pi f L[\Omega]$

③ 전류 i는 전압 v보다 위상이 $\frac{\pi}{2}$[rad] 뒤진 파형이 된다.

④ 유도 리액턴스의 주파수 특성

유도 리액턴스 X_L[Ω]의 값은 주파수 f[Hz]에 비례하여 증가하며 전류 I는 주파수 f[Hz]에 반비례한다.

➕ 예제 4-13 60[Hz]에서 3[Ω]의 유도 리액턴스를 갖는 자기 인덕턴스의 값을 구하여라.

풀이 인덕턴스의 값은 $X_L = \omega L = 2\pi f L$에서

$3 = 2 \times 3.14 \times 60 \times L$, $L \fallingdotseq 7.96$[mH]

+ 예제 4-14 0.5[H]의 코일 양단에 $v = 100\sin 20t$[V]의 교류전압을 인가했을 때 이 코일의 리액턴스 및 전류의 순싯값, 실횻값을 구하여라.

풀이 유도 리액턴스 $X_L = \omega L = 20 \times 0.5 = 10[\Omega]$, $I_m = \dfrac{V_m}{X_L} = \dfrac{100}{10} = 10[A]$

유도 리액턴스이므로 전압의 위상이 전류의 위상보다 $90°$ 앞선다.

$i = 10\sin(20t - 90°)[A]$, 실횻값 $I = \dfrac{V}{X_L} = \dfrac{100}{\sqrt{2} \times 10} = 5\sqrt{2}[A]$

(3) 커패시터 C만의 회로

[그림 4-28]과 같이 커패시터 C만의 회로에 교류전원을 연결하고, 전원전압의 주파수를 변화시키면 전류의 크기가 변화한다. 즉, 주파수가 증가하면 전류의 크기가 증가하고, 주파수가 감소하면 전류의 크기는 감소한다.

일정한 전압에서 주파수가 증가하면 양극판에 극성의 변화가 빨라지고 콘덴서 내부에 전하의 움직임이 빨라지게 된다. 전하의 이동속도가 전류이므로 전류가 증가하였으며 전류를 방해하는 정도가 감소하였다는 것을 의미한다.

커패시터가 정현파 전류를 방해하는 것을 용량성 리액턴스(capacitive reactance)라 한다.

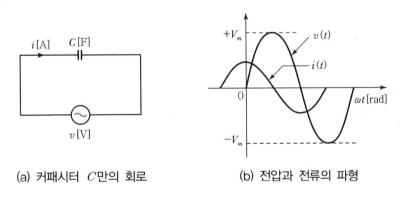

(a) 커패시터 C만의 회로 　　　 (b) 전압과 전류의 파형

[그림 4-28] 커패시터 C만의 회로

[그림 4-28]과 같이 C[F]의 정전용량만의 회로에 $v = V_m\sin\omega t$[V]인 정현파 교류전압을 인가하면 콘덴서 내부에 전류의 움직임은

$$i = \frac{dq}{dt} = \frac{d}{dt}Cv = C\frac{d}{dt}V_m\sin\omega t = \omega CV_m\cos\omega t$$

$$= \omega CV_m\sin\left(\omega t + \frac{\pi}{2}\right)[A] \cdots\cdots\cdots\cdots\cdots\cdots\cdots (4\text{-}33)$$

이 된다.

식 (4-33)에서 전류 i의 위상은 전압 v의 위상보다 $\dfrac{\pi}{2}$[rad]만큼 앞선다는 것을 알 수 있다.
또한 옴의 법칙과 비교하면 용량성 리액턴스 X_C는

$$X_C = \frac{1}{\omega C} = \frac{1}{2\pi f C} [\Omega] \quad\cdots\cdots\cdots\cdots\cdots (4\text{-}34)$$

이 된다.

이와 같은 내용을 다시 정리하면 다음과 같다.

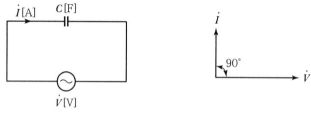

(a) 정전용량 C만의 회로   (b) 전압과 전류의 벡터도

[그림 4-29] 정전용량 C만의 회로와 벡터도

① 전압과 전류의 실횻값이 V 및 I이고, 용량성 리액턴스를 X_C라 하면

$$V = X_C I = \frac{1}{\omega C} I [\text{V}], \quad I = \frac{V}{X_C} = \frac{V}{\dfrac{1}{\omega C}} = \omega C V [\text{A}]$$

가 된다.

② 용량성 리액턴스 : 기호는 X_C로 표기하며, 단위는 저항과 같은 [Ω]을 사용한다.

$$X_C = \frac{1}{\omega C} = \frac{1}{2\pi f C} [\Omega]$$

③ 전류 I의 위상이 전압 V의 위상보다 $\dfrac{\pi}{2}$[rad] 앞선 파형이 된다.

④ 용량 리액턴스의 주파수 특성

용량 리액턴스 X_C[Ω]의 값은 주파수 f[Hz]에 반비례하여 감소하며 전류 I는 주파수 f[Hz]에 비례한다.

+ 예제 4-15 60[Hz]에서 3[Ω]의 용량 리액턴스를 갖는 정전용량을 구하여라.

풀이 정전용량의 값은 $X_C = \dfrac{1}{\omega C} = \dfrac{1}{2\pi f C} = \dfrac{1}{2 \times 3.14 \times 60 \times C}$ 에서

$$3 = \dfrac{1}{2 \times 3.14 \times 60 \times C} \qquad C \fallingdotseq 884.6[\mu\text{F}]$$

+ 예제 4-16 정전용량 0.01[μF]의 커패시터에 실횻값이 100[V]인 교류전압을 인가할 때 흐르는 전류의 실횻값을 구하여라.(단, 주파수는 100[Hz]이다.)

풀이 용량 리액턴스 $X_C = \dfrac{1}{\omega C} = \dfrac{1}{2 \times 3.14 \times 100 \times 0.01 \times 10^{-6}} = 159 \times 10^3 \fallingdotseq 159[\text{k}\Omega]$

전류의 실횻값 $I = \dfrac{V}{X_C} = \dfrac{100}{159 \times 10^3} = 6.28 \times 10^{-4} \fallingdotseq 0.628[\text{mA}]$

+ 예제 4-17 3[μF]인 커패시턴스를 50[Ω]의 용량 리액턴스로 사용하면 주파수가 몇 [Hz]인지 구하여라.

풀이 $X_C = \dfrac{1}{2\pi f C}$ 에서 $f = \dfrac{1}{2\pi C \cdot X_C}$ 이므로

$$f = \dfrac{1}{2\pi \times 3 \times 10^{-6} \times 50} \fallingdotseq 1.06 \times 10^3[\text{Hz}]$$

+ 예제 4-18 정전용량 0.1[μF]인 콘덴서에 1,000[V], 1[kHz], 위상각이 0°인 정현파 전압을 인가할 때 흐르는 전류의 순싯값을 구하여라.

풀이 $v = \sqrt{2}\,V\sin\omega t[\text{V}]$ 라 하면

$$i = \omega C V_m \sin\left(\omega t + \dfrac{\pi}{2}\right) = \omega C \sqrt{2}\,V\sin\left(\omega t + \dfrac{\pi}{2}\right)$$

$$= 2\pi f C \times \sqrt{2}\,V\sin\left(2\pi f\,t + \dfrac{\pi}{2}\right)$$

$$\fallingdotseq 0.888\sin\left(6{,}280\,t + \dfrac{\pi}{2}\right)[\text{A}]$$

4.3.2 직렬회로

(1) $R-L$ 직렬회로

[그림 4-30]과 같이 저항 R[Ω]과 인덕턴스 L[H]이 직렬로 연결된 회로에 주파수 f[Hz], 전압 V[V]인 교류전압을 가할 때, 회로에 흐르는 전류를 I[A]라 하면 다음과 같다.

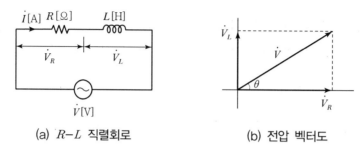

(a) $R-L$ 직렬회로   (b) 전압 벡터도

[그림 4-30] $R-L$ 직렬회로와 벡터도

① 저항 R에 걸리는 전압 $\dot{V}_R = RI$[V]가 되고, 전류와 전압은 동상이다.

② 인덕턴스 L[H]의 양단에 걸리는 전압 $V_L = X_L I = \omega L I = 2\pi f L I$[V]가 되고 전류 $\dot{I}$의 위상이 전압 $\dot{V}_R$의 위상보다 $\dfrac{\pi}{2}$[rad]만큼 뒤진다.

③ $R-L$ 직렬회로에서 회로의 공급전압 $\dot{V}$[V]는 $\dot{V}_R$과 $\dot{V}_L$의 벡터합이므로 $\dot{V} = \dot{V}_R + \dot{V}_L$[V]가 된다.

따라서 $\dot{V}$의 크기는

$$V = \sqrt{V_R^2 + V_L^2} = \sqrt{(RI)^2 + (\omega L I)^2} = \sqrt{R^2 + (\omega L)^2}\, I \quad\cdots\cdots\cdots\cdots (4-35)$$

④ 전류 $\dot{I}$의 크기는

$$I = \frac{V}{\sqrt{R^2 + (\omega L)^2}} = \frac{V}{\sqrt{R^2 + (2\pi f L)^2}}\,[\text{A}] \quad\cdots\cdots\cdots\cdots (4-36)$$

⑤ 임피던스 Z는

$$Z = \frac{V}{I} = \sqrt{R^2 + (\omega L)^2} = \sqrt{R^2 + (2\pi f L)^2}\,[\Omega] \quad\cdots\cdots\cdots\cdots (4-37)$$

⑥ 위상차 : 전압 $\dot{V}$와 전류 $\dot{I}$의 위상차 θ는

$$\theta = \tan^{-1}\frac{X_L}{R} = \tan^{-1}\frac{\omega L}{R}\,[\text{rad}] = \tan^{-1}\frac{2\pi f L}{R} \quad\cdots\cdots\cdots\cdots (4-38)$$

이 된다. $R-L$ 직렬회로에 흐르는 전류 I는 가해진 전압 $\dot{V}$보다 θ[rad]만큼 뒤지고 크기는 R과 ωL의 크기에 따라 달라진다.

⑦ $R-L$ 직렬회로의 임피던스

• $R-L$ 직렬회로에서 일종의 저항과 같은 작용을 하는 것으로 기호는 Z로 표시하며, 단위는 [Ω]을 사용한다.

• $R-L$ 직렬회로의 합성 임피던스

$$Z = \sqrt{R^2 + X_L{}^2} = \sqrt{R^2 + (\omega L)^2} = \sqrt{R^2 + (2\pi fL)^2}\ [\Omega]$$

• $R-L$ 직렬회로의 임피던스 삼각형

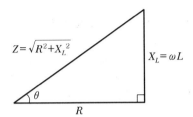

임피던스 $Z = \sqrt{R^2 + X_L{}^2}$, 위상각 $\theta = \tan^{-1}\dfrac{X_L}{R}$

[그림 4-31] $R-L$ **직렬회로의 임피던스 삼각형**

+ 예제 4-19 저항 20[Ω], 인덕턴스 56[mH]인 직렬회로에 60[Hz], 실횻값 141.4[V]의 전압을 가할 때 임피던스의 크기와 각도, 전류의 순싯값을 구하여라.

풀이 유도 리액턴스 $X_L = 2\pi fL = 2 \times \pi \times 60 \times 56 \times 10^{-3} ≒ 21.1[\Omega]$

임피던스 크기 $Z = \sqrt{R^2 + X_L{}^2} = \sqrt{20^2 + 21.1^2} ≒ 29.1[\Omega]$

임피던스 각 $\theta = \tan^{-1}\dfrac{X_L}{R} = \tan^{-1}\dfrac{21.1}{20} ≒ 46.5°$

따라서 $v = V_m \sin\omega t[V]$라 하면

$i = \dfrac{V_m}{Z}\sin(\omega t - \theta) = \dfrac{141.2\sqrt{2}}{29.1}\sin(377t - 46.5°) = 6.87\sin(377t - 46.5°)[A]$

+ 예제 4-20 어떤 회로의 전압 및 전류가 $E = 10\angle 60°[V]$, $I = 5\angle 30°[A]$일 때 이 회로의 임피던스 $Z[\Omega]$를 구하여라.

풀이 $Z = \dfrac{E}{I} = \dfrac{10\angle 60°}{5\angle 30°} = 2\angle 30° = 2(\cos 30° + j\sin 30°) = \sqrt{3} + j[\Omega]$

(2) $R-C$ 직렬회로

[그림 4-32]와 같이 저항 $R[\Omega]$과 정전용량 $C[F]$이 직렬로 연결된 회로에 주파수 $f[Hz]$, 전압 $V[V]$의 교류를 가할 때, 회로에 흐르는 전류를 $I[A]$라 하면 다음과 같다.

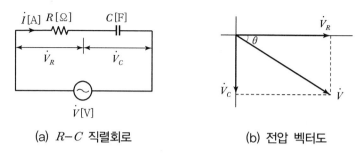

(a) $R-C$ 직렬회로

(b) 전압 벡터도

[그림 4-32] $R-C$ 직렬회로와 벡터도

① 저항 R에 걸리는 전압 $V_R = RI[V]$가 되고, 전류와 전압은 동상이다.

② 정전용량 $C[F]$의 양단에 걸리는 전압 $V_C = X_C I = \dfrac{1}{\omega C}I = \dfrac{1}{2\pi f C}I[V]$가 되고 전류 I는

전압 V_R보다 위상이 $\dfrac{\pi}{2}[rad]$만큼 앞선다.

③ $R-C$ 직렬회로에서 회로의 공급전압 $V[V]$는 V_R과 V_C의 벡터합이므로 $V = V_R + V_C$가 된다.

따라서 V의 크기는

$$V = \sqrt{V_R{}^2 + V_C{}^2} = \sqrt{(RI)^2 + \left(\frac{1}{\omega C}I\right)^2} = \sqrt{R^2 + \left(\frac{1}{2\pi f C}\right)^2}\,I \text{ ················ (4-39)}$$

④ 전류 $\dot{I}$의 크기는

$$I = \frac{V}{\sqrt{R^2 + \left(\dfrac{1}{\omega C}\right)^2}} = \frac{V}{\sqrt{R^2 + \left(\dfrac{1}{2\pi f C}\right)^2}}[A] \text{ ···························· (4-40)}$$

⑤ 임피던스 Z는

$$Z = \frac{V}{I} = \sqrt{R^2 + \left(\frac{1}{\omega C}\right)^2} = \sqrt{R^2 + \left(\frac{1}{2\pi f C}\right)^2}[\Omega] \text{ ···························· (4-41)}$$

⑥ 위상차 : 전압 V와 전류 I의 위상차 θ는

$$\theta = \tan^{-1}\frac{X_C}{R} = \tan^{-1}\frac{1}{\omega CR} = \tan^{-1}\frac{1}{2\pi fCR}\,[\text{rad}] \cdots\cdots\cdots\cdots\cdots\cdots (4\text{-}42)$$

가 된다.

이와 같이 $R-C$ 직렬회로의 전류 $\dot{I}$는 전압 $\dot{V}$보다 $\theta[\text{rad}]$만큼 위상이 앞서고 크기는 R

과 $\dfrac{1}{\omega C}$의 크기에 따라 달라진다.

⑦ $R-C$ 직렬회로의 임피던스

- $R-C$ 직렬회로에서 일종의 저항과 같은 작용을 하는 것으로 기호는 Z로 표시하며, 단위는 [Ω]을 사용한다.

- $R-C$ 직렬회로의 합성 임피던스

$$Z = \sqrt{R^2 + X_C^{\,2}} = \sqrt{R^2 + \left(\frac{1}{\omega C}\right)^2} = \sqrt{R^2 + \left(\frac{1}{2\pi fC}\right)^2}\,[\Omega] \cdots\cdots\cdots\cdots\cdots (4\text{-}43)$$

- $R-C$ 직렬회로의 임피던스 삼각형

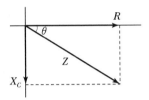

임피던스 $Z = \sqrt{R^2 + X_C^{\,2}}$, 위상각 $\theta = \tan^{-1}\dfrac{X_C}{R}$

[그림 4-33] $R-C$ 직렬회로의 임피던스 삼각형

+ **예제 4-21** 저항 $R = 6[\Omega]$, 정전용량 $C = 3.98[\mu F]$을 직렬로 연결하고, 교류전압 $V = 100[\text{V}]$ 를 가할 때 임피던스, 전류, 저항의 전압, 커패시턴스의 전압, 위상각을 구하여라. (단, 주파수는 5,000[Hz]이다.)

풀이
$$X_C = \frac{1}{\omega C} = \frac{1}{2\pi \times 5,000 \times 3.98 \times 10^{-6}} = 8[\Omega]$$

$$Z = \sqrt{R^2 + \left(\frac{1}{\omega C}\right)^2} = \sqrt{6^2 + 8^2} = 10[\Omega]$$

$$I = \frac{V}{Z} = \frac{100}{10} = 10[\text{A}], \quad V_R = RI = 6 \times 10 = 60[\text{V}], \quad V_C = X_C I = 8 \times 10 = 80[\text{V}]$$

$$\theta = \tan^{-1}\frac{1}{\omega CR} = \tan^{-1}\frac{8}{6} = 53.1°$$

(3) $L-C$ 직렬회로

[그림 4-34]와 같이 인덕턴스 L[H], 정전용량 C[F]을 직렬로 연결된 회로에 주파수 f[Hz], 전압 V[V]의 교류를 가할 때, 회로에 흐르는 전류를 I[A]라면 인덕턴스 L에 걸리는 전압 V_L, 정전용량 C에 걸리는 전압 V_C는 다음과 같다.

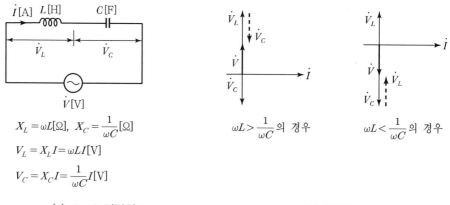

$$X_L = \omega L[\Omega], \quad X_C = \frac{1}{\omega C}[\Omega]$$

$$V_L = X_L I = \omega L I[V]$$

$$V_C = X_C I = \frac{1}{\omega C} I[V]$$

(a) $L-C$ 직렬회로   (b) 벡터도

[그림 4-34] $L-C$ 직렬회로와 벡터도

① [그림 4-34]에서 $V = V_L + V_C$이고, 인덕턴스 L에 걸리는 전압 V_L은

$$V_L = X_L I = \omega L I[V] \quad \cdots\cdots\cdots\cdots\cdots\cdots\cdots\cdots\cdots\cdots\cdots\cdots \text{(4-44)}$$

가 되고, V_L은 전류 I보다 $\frac{\pi}{2}$[rad] 위상이 앞선다. 또한 정전용량 C에 걸리는 전압 V_C는

$$V_C = X_C I = \frac{1}{\omega C} I[V] \quad \cdots\cdots\cdots\cdots\cdots\cdots\cdots\cdots\cdots\cdots \text{(4-45)}$$

이고, V_C는 전류 I보다 $\frac{\pi}{2}$[rad] 위상이 뒤진다.

② $\omega L > \frac{1}{\omega C}$인 경우의 전압, 전류의 크기

$$V = V_L - V_C = \omega L I - \frac{1}{\omega C} I = \left(\omega L - \frac{1}{\omega C} \right) I[V] \quad \cdots\cdots\cdots \text{(4-46)}$$

$$I = \frac{V}{\omega L - \frac{1}{\omega C}} = \frac{V}{Z}[A] \quad \cdots\cdots\cdots\cdots\cdots\cdots\cdots\cdots\cdots\cdots\cdots \text{(4-47)}$$

$\omega L < \dfrac{1}{\omega C}$인 경우의 전압, 전류의 크기

$$V = V_C - V_L = \frac{1}{\omega C}I - \omega LI = \left(\frac{1}{\omega C} - \omega L\right)I\,[\text{V}] \quad\cdots\cdots\cdots\cdots\cdots\cdots (4\text{-}48)$$

$$I = \frac{V}{\dfrac{1}{\omega C} - \omega L} = \frac{V}{Z}\,[\text{A}] \quad\cdots\cdots\cdots\cdots\cdots\cdots\cdots\cdots\cdots\cdots (4\text{-}49)$$

③ ωL, $\dfrac{1}{\omega C}$의 크기에 따른 위상 관계

- $\omega L > \dfrac{1}{\omega C}$의 경우 : I는 V에 $\dfrac{\pi}{2}$[rad] 뒤진 위상, 유도 리액턴스로 작용

- $\omega L < \dfrac{1}{\omega C}$의 경우 : I는 V에 $\dfrac{\pi}{2}$[rad] 앞선 위상, 용량 리액턴스로 작용

+ 예제 4-22 $L - C$ 직렬회로에서 리액턴스 X_L과 용량성 리액턴스 X_C가 같다면 회로에 흐른 전류는 어떻게 되는가?

[답] 전류는 무한대 값을 갖는다.

(4) $R - L - C$ 직렬회로

[그림 4-35]와 같이 저항 $R[\Omega]$, 인덕턴스 $L[\text{H}]$, 정전용량 $C[\text{F}]$을 직렬로 연결된 회로에 주파수 $f[\text{Hz}]$, 전압 $V[\text{V}]$의 교류를 가할 때, 회로에 흐르는 전류를 $I[\text{A}]$라 하면, 저항 R에 걸리는 전압 V_R, 인덕턴스 L에 걸리는 전압 V_L, 정전용량 C에 걸리는 전압 V_C는 다음과 같다.

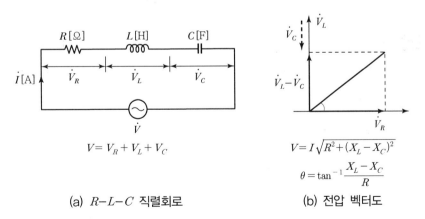

(a) $R - L - C$ 직렬회로   (b) 전압 벡터도

[그림 4-35] $R - L - C$ 직렬회로와 전압 벡터도

① V_R, V_L, V_C의 크기 및 전류 I와의 위상관계

$$V = V_R + V_L + V_C$$

$V_R = RI$, V_R은 전류 I와 동상

$V_L = X_L I = \omega L I[\text{V}]$, V_L은 전류 I보다 $\dfrac{\pi}{2}[\text{rad}]$ 앞선 위상

$V_C = X_C I = \dfrac{1}{\omega C} I[\text{V}]$, V_C는 전류 I보다 $\dfrac{\pi}{2}[\text{rad}]$ 뒤진 위상

② $\omega L > \dfrac{1}{\omega C}$인 경우의 전압, 전류의 크기

$$V = \sqrt{V_R{}^2 + (V_L - V_C)^2} = \sqrt{(RI)^2 + (X_L I - X_C I)^2}$$
$$= I\sqrt{R^2 + (X_L - X_C)^2}\,[\text{V}] \quad\cdots\cdots\cdots\cdots\cdots\cdots (4\text{-}50)$$

$$I = \frac{V}{\sqrt{R^2 + (X_L - X_C)^2}} = \frac{V}{\sqrt{R^2 + (\omega L - \dfrac{1}{\omega C})^2}}\,[\text{A}] \quad\cdots\cdots\cdots\cdots\cdots (4\text{-}51)$$

③ I와 V의 위상차 θ

$$\theta = \tan^{-1}\frac{X_L - X_C}{R} = \tan^{-1}\frac{\omega L - \dfrac{1}{\omega C}}{R} = \tan^{-1}\frac{2\pi f L - \dfrac{1}{2\pi f C}}{R}[\text{rad}] \quad\cdots\cdots (4\text{-}52)$$

④ $R-L-C$ 직렬회로의 합성 임피던스

$$Z = \sqrt{R^2 + (\omega L - \dfrac{1}{\omega C})^2} = \sqrt{R^2 + (2\pi f L - \dfrac{1}{2\pi f C})^2}\,[\Omega] \quad\cdots\cdots\cdots\cdots (4\text{-}53)$$

+ 예제 4-23 $R = 100[\Omega]$, $L = 25.3[\text{mH}]$, $C = 100[\mu\text{F}]$인 $R-L-C$ 직렬회로에 $v = \sqrt{2}\cdot$ $100\sin 628t[\text{V}]$인 전압이 인가될 때 임피던스의 크기와 각 그리고 회로 전류의 순싯값을 구하여라.

풀이 $\omega = 2\pi f = 628[\text{rad/s}]$로부터, $f = 100[\text{Hz}]$, $X_L = \omega L = 628 \times 25.3 \times 10^{-3} \fallingdotseq 15.9[\Omega]$

$X_C = -\dfrac{1}{\omega C} = -\dfrac{1}{628 \times 100 \times 10^{-6}} \fallingdotseq -15.9[\Omega]$이므로

회로 리액턴스 $X = X_L + X_C = 0$, $Z = \sqrt{R^2 + X^2} = R = 100[\Omega]$, $X = 0$ 이므로

임피던스 각 $\theta = \tan^{-1}\dfrac{X}{R} = 0°$, 회로 전류의 크기 $I = \dfrac{V}{Z} = \dfrac{100}{100} = 1[\text{A}]$이며

전압과 전류 사이에 위상차가 없으므로 순싯값 전류 $i = \sqrt{2}\sin 628t[\text{A}]$가 된다.

+ 예제 4-24 $R = 4[\Omega]$, $X_L = 8[\Omega]$, $X_C = 5[\Omega]$, $V = 100[V]$인 $R - L - C$ 직렬회로에서 이 회로의 임피던스 및 전류의 크기와 위상을 구하여라.

풀이 $Z = R + j(X_L - X_C) = 4 + j(8 - 5) = 4 + j3[\Omega]$

Z의 크기

$Z = \sqrt{4^2 + 3^2} = 5[\Omega]$

회로에 흐르는 전류 I

$I = \dfrac{V}{Z} = \dfrac{100}{4 + j3} = \dfrac{100(4 - j3)}{(4 + j3)(4 - j3)} = \dfrac{100(4 - j3)}{4^2 + 3^2} = 4(4 - j3)$

$I = 4\sqrt{4^2 + 3^2} = 20[A]$, 위상각 $\theta = \tan^{-1}\dfrac{-3}{4} = -\left(\tan^{-1}\dfrac{3}{4}\right)$만큼 전류가 뒤진다.

(5) 직렬 공진

$R - L - C$ 직렬회로에서 전체 리액턴스는 매우 낮은 주파수에서는 X_C는 높고 X_L은 낮아지게 되고, 주파수가 증가하면 X_C는 감소하고 X_L은 증가하게 된다.

$X_C = X_L$에 도달하면 두 리액턴스는 상쇄되어 회로는 순수한 저항성이 된다. 이런 조건을 직렬공진(series resonance)이라 한다.

① 공진의 조건

• $\omega L = \dfrac{1}{\omega C}$이면 $\omega L - \dfrac{1}{\omega C} = 0$이므로 임피던스 Z

$$Z = \sqrt{R^2 + (\omega L - \frac{1}{\omega C})^2} = \sqrt{R^2 + (0)^2} = R[\Omega] \quad \cdots\cdots\cdots\cdots\cdots\cdots (4\text{-}54)$$

• 회로에 흐르는 전류의 크기

$$I_0 = \frac{V}{Z} = \frac{V}{R}[A] \quad \cdots\cdots\cdots\cdots\cdots\cdots\cdots\cdots\cdots\cdots\cdots\cdots\cdots (4\text{-}55)$$

가 되어 최대 전류가 흐른다.

• 직렬공진 시 임피던스 Z는 $R[\Omega]$이 되어 저항만의 회로와 같다.

② 공진 주파수

• 공진 주파수(resonance frequency) : [그림 4-36]에서 주파수 f의 변화에 대한 ωL, $\dfrac{1}{\omega C}$값의 변화를 나타내고 있다. 여기서 어느 특정 주파수 f_0일 때 ωL과 $\dfrac{1}{\omega C}$이 같아지

며 합성 리액턴스 $X\left(\omega L - \dfrac{1}{\omega C}\right)$은 0으로 된다. 이때의 주파수를 공진 주파수(f_0)라 한다.

- 공진 시에는 $\omega L = \dfrac{1}{\omega C}$이므로, 공진 주파수 f_0는

$$\frac{1}{\omega_0 C} = \omega_0 L, \ \ \omega_0{}^2 = \frac{1}{LC}, \ \ f_0 = \frac{1}{2\pi\sqrt{LC}} \, [\text{Hz}] \cdots\cdots\cdots\cdots\cdots\cdots\cdots\cdots\cdots (4\text{-}56)$$

- 공진 곡선 : 공진회로에서 주파수의 변화에 대하여, 전류의 크기의 변화를 나타낸 곡선을 말한다. 공진회로에서는 공진 주파수 f_0에서 임피던스가 최소로 된다.

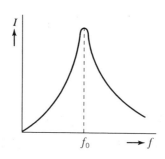

[그림 4-36] 공진 곡선

③ 선택성과 전압의 증대
- 주파수에 대한 선택성 : 직렬공진회로에 주파수가 다른 여러 교류전압을 가하면, 주파수가 공진 주파수 또는 이것에 근접한 교류전압의 전류는 흐르기 쉽지만 공진 주파수로부터 떨어져 있는 교류전압의 전류는 흐르기 어렵게 된다. 이와 같이 직렬공진회로는 교류전압의 주파수에 따라 전류의 통과가 제한을 받게 되는데, 이러한 성질을 공진회로의 주파수 특성이라고 한다.
- 전압의 증대 : $R-L-C$ 직렬공진회로에서 각 단에 걸리는 전압은

$$V_{R0} = RI_0 = R \cdot \frac{V}{R} = V \, [\text{V}]$$

$$V_{L0} = \omega_0 L \, I_0 = \omega_0 L \, \frac{V}{R} \, [\text{V}]$$

$$V_{C0} = \frac{1}{\omega_0 C} \, I_0 = \frac{1}{\omega_0 C} \, \frac{V}{R} \, [\text{V}] \text{가 된다.}$$

- 공진회로의 선택도(Q) : 공진할 때의 인덕턴스 L에 걸리는 전압을 $\dot{V}_{L0}$, 정전용량에 걸리는 전압을 $\dot{V}_{C0}$라 하면 공진 시에는 $\dot{V}_{L0} = \dot{V}_{C0}$이므로

$$V_{L0} = V_{C0} = \frac{\omega_0 L}{R} \, V = \frac{1}{\omega_0 CR} \, V \, [\text{V}] \cdots\cdots\cdots\cdots\cdots\cdots\cdots\cdots\cdots (4\text{-}57)$$

이 된다. 그리고 V_L 또는 V_{C0}와 V의 비를 선택도 Q라 하며 다음과 같이 나타낼 수 있다.

$$Q = \frac{V_{L0}}{V} = \frac{V_{C0}}{V} = \frac{\omega_0 L}{R} = \frac{1}{\omega_0 CR} \quad \cdots\cdots\cdots\cdots\cdots\cdots\cdots\cdots\cdots\cdots\cdots\cdots\cdots\cdots\cdots (4\text{-}58)$$

+ 예제 4-25 저항 $R = 10[\Omega]$, 자기 인덕턴스 $L = 20[\text{mH}]$, 정전용량 $C = 10[\mu\text{F}]$인 직렬회로에서 공진 주파수는 얼마인지 구하여라.

풀이 $f_0 = \dfrac{1}{2\pi\sqrt{20\times10^{-3}\times10\times10^{-6}}} \fallingdotseq 356[\text{Hz}]$

+ 예제 4-26 $R\text{-}L\text{-}C$ 직렬회로에서 $R = 10[\Omega]$, $L = 4[\text{mH}]$일 때, 실횻값 $100[\text{V}]$의 정현파 전압을 인가하여 $\omega_0 = 10^4[\text{rad/sec}]$에서 공진시키려면 C의 값을 얼마로 해야 하는지 구하여라.

풀이 $\omega_0 = \dfrac{1}{\sqrt{LC}}$ 이므로 $C = \dfrac{1}{\omega_0^2 L} = \dfrac{1}{(10^4)^2\times4\times10^{-3}} = \dfrac{10}{4}\times10^{-6} = 2.5[\mu\text{F}]$

+ 예제 4-27 $R = 10[\Omega]$, $L = 10[\text{mH}]$, $C = 1[\mu\text{F}]$인 직렬회로에 $100[\text{V}]$ 전압을 가했을 때 공진 시 선택도 Q는 얼마인가?

풀이 $f_0 = \dfrac{1}{2\pi\sqrt{LC}} = \dfrac{1}{2\pi\sqrt{10\times10^{-3}\times1\times10^{-6}}} = 1,592[\text{Hz}]$

따라서 선택도 Q는

$Q = \dfrac{\omega_0 L}{R} = \dfrac{2\pi\times1,592\times10^{-2}}{10} = 10$

4.3.3 병렬회로

(1) 어드미턴스

교류회로에서 임피던스의 역수를 어드미턴스(admittance)라고 하며, 교류회로에서 얼마나 전류가 잘 흐르게 할 수 있는가를 나타내는 양이라고 할 수 있다.

따라서 동일 전압이라면 어드미턴스가 클수록 더 많은 전류를 흘릴 수 있다. 어드미턴스 기호는 Y로 표시한다.

$$\dot{Y} = \frac{1}{Z} \quad\text{(4-59)}$$

어드미턴스 Y를 직각 좌표형식으로 표시하면

$$\dot{Y} = \dot{G} + j\dot{B} \ [\text{℧}] \quad\text{(4-60)}$$

로 표시할 수 있으며, G(어드미턴스의 실수부)를 컨덕턴스(conductance), B(어드미턴스의 허수부)를 서셉턴스(susceptance)라 부른다. 단위는 Y, G, B 모두 모(mho, [℧])를 사용한다.

직렬회로를 취급하는 데는 임피던스가 편리하지만 병렬회로를 해석하는 데는 어드미턴스를 이용하는 것이 편리하다.

① 수동소자 하나만으로 된 회로의 어드미턴스

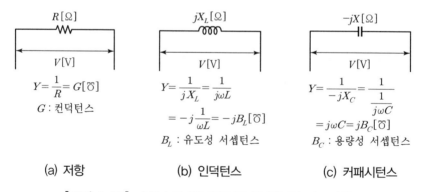

| (a) 저항 | (b) 인덕턴스 | (c) 커패시턴스 |

[그림 4-37] 수동소자 하나만으로 된 회로의 어드미턴스

② $R-L$ 직렬회로의 어드미턴스

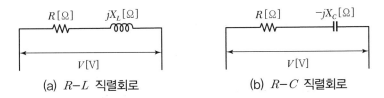

(a) $R-L$ 직렬회로　　　　　(b) $R-C$ 직렬회로

[그림 4-38] $R-X$ **직렬회로의 어드미턴스**

[그림 4-38] (a)에서 $R-L$ 직렬회로의 임피던스가 $\dot{Z} = R + jX_L$이라면 어드미턴스 $\dot{Y}$는

$$\dot{Y} = \frac{1}{\dot{Z}} = \frac{1}{R + jX_L} = \frac{R - jX_L}{R^2 + X_L^{\,2}} = \frac{R}{R^2 + X_L^2} - j\frac{X_L}{R^2 + X_L^2} = G - jB\,[\mho] \cdots\cdots (4\text{-}61)$$

이 되어

$$G = \frac{R}{R^2 + X_L^2} = \frac{R}{R^2 + (\omega L)^2}\,[\mho], \ \ B = \frac{X_L}{R^2 + X_L^2} = \frac{\omega L}{R^2 + (\omega L)^2}\,[\mho] \cdots\cdots\cdots (4\text{-}62)$$

가 된다.

③ $R-C$ 직렬회로의 어드미턴스

[그림 4-38] (b)에서 $R-C$ 직렬회로의 임피던스가 $\dot{Z} = R - jX_C$이라면 어드미턴스 $\dot{Y}$는

$$\dot{Y} = \frac{1}{\dot{Z}} = \frac{1}{R - jX_C} = \frac{R + jX_C}{R^2 + X_C^{\,2}} = \frac{R}{R^2 + X_C^{\,2}} + j\frac{X_C}{R^2 + X_C^{\,2}} = G + jB\,[\mho] \cdot\cdot (4\text{-}63)$$

이 되어

$$G = \frac{R}{R^2 + X_C^{\,2}} = \frac{R}{R^2 + \left(\dfrac{1}{\omega C}\right)^2}\,[\mho], \ \ B = \frac{X_C}{R^2 + X_C^{\,2}} = \frac{\dfrac{1}{\omega C}}{R^2 + \left(\dfrac{1}{\omega C}\right)^2}\,[\mho] \cdots\cdots (4\text{-}64)$$

가 된다.

④ $R-L-C$ 직렬회로의 어드미턴스

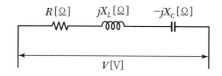

[그림 4-39] $R-L-C$ 직렬회로의 어드미턴스

[그림 4-39]의 $R-L-C$ 직렬회로의 임피던스가 $\dot{Z} = R+j(X_L-X_C)$이라면 어드미턴스 $\dot{Y}$는

$$\dot{Y} = \frac{1}{\dot{Z}} = \frac{1}{R+j(X_L-X_C)} = \frac{R-j(X_L-X_C)}{R^2+(X_L-X_C)^2}$$

$$= \frac{R}{R^2+(X_L-X_C)^2} - j\frac{X_L-X_C}{R^2+(X_L-X_C)^2} = G-jB[\mho] \cdots\cdots\cdots (4\text{-}65)$$

$$G = \frac{R}{R^2+(X_L-X_C)^2}[\mho], \ B = \frac{X_L-X_C}{R^2+(X_L-X_C)^2}[\mho] \cdots\cdots\cdots\cdots (4\text{-}66)$$

⑤ $R-L$, $R-C$ 병렬회로의 어드미턴스

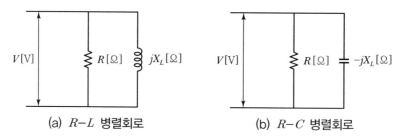

(a) $R-L$ 병렬회로　　　　　　(b) $R-C$ 병렬회로

[그림 4-40] $R-L$, $R-C$ 병렬회로의 어드미턴스

[그림 4-40] (a)에서 $R-L$ 병렬회로의 어드미턴스 $\dot{Y}$는

$$\dot{Y} = \frac{1}{R} + \frac{1}{jX_L} = \frac{1}{R} - j\frac{1}{X_L} = G-jB[\mho] \cdots\cdots\cdots\cdots\cdots\cdots (4\text{-}67)$$

이 되어

$$G = \frac{1}{R}[\mho], \ B = \frac{1}{X_L} = \frac{1}{\omega L}[\mho] \cdots\cdots\cdots\cdots\cdots\cdots\cdots (4\text{-}68)$$

이 된다.

[그림 4-40] (b)에서 $R-C$ 병렬회로의 어드미턴스 $\dot{Y}$는

$$\dot{Y} = \frac{1}{R} + \frac{1}{-jX_C} = \frac{1}{R} + j\frac{1}{X_C} = G + jB[\mho] \cdots\cdots\cdots\cdots\cdots\cdots\cdots (4\text{-}69)$$

가 되어

$$G = \frac{1}{R}[\mho], \ \ B = \frac{1}{X_C} = \frac{1}{\frac{1}{\omega C}} = \omega C[\mho] \cdots\cdots\cdots\cdots\cdots\cdots\cdots (4\text{-}70)$$

이 된다.

⑥ $R-L-C$ 병렬회로의 어드미턴스

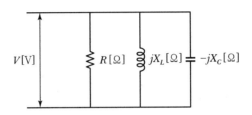

[그림 4-41] $R-L-C$ **병렬회로의 어드미턴스**

[그림 4-41]에서 $R-L-C$ 병렬회로의 어드미턴스 $\dot{Y}$는

$$\dot{Y} = \frac{1}{R} + \frac{1}{jX_L} + \frac{1}{-jX_C} = \frac{1}{R} - j\frac{1}{X_L} + j\frac{1}{X_C}$$

$$= \frac{1}{R} + j\left(\frac{1}{X_C} - \frac{1}{X_L}\right) = G + jB[\mho] \cdots\cdots\cdots\cdots\cdots\cdots (4\text{-}71)$$

이 되어

$$G = \frac{1}{R}[\mho], \ \ B = \frac{1}{X_C} - \frac{1}{X_L} = \frac{1}{\frac{1}{\omega C}} - \frac{1}{\omega L} = \omega C - \frac{1}{\omega L}[\mho] \cdots\cdots\cdots (4\text{-}72)$$

가 된다.

(2) $R-L$ 병렬회로

[그림 4-42]와 같이 저항 R[Ω]과 자기 인덕턴스 L[H]가 병렬로 연결된 회로에 주파수 f [Hz], 전압 $\dot{V}$[V]의 교류전압을 가했을 때 회로에 흐르는 전류를 $\dot{I}$[A]라 하면 다음과 같다.

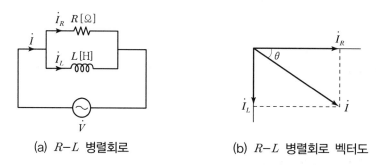

(a) $R-L$ 병렬회로　　　　(b) $R-L$ 병렬회로 벡터도

[그림 4-42] $R-L$ **병렬회로**

① $R-L$ 병렬회로의 어드미턴스 $\dot{Y}$의 크기는 $\dot{Y} = \dfrac{1}{R} - j\dfrac{1}{X_L}$[V]이므로

$$Y = \sqrt{\left(\frac{1}{R}\right)^2 + \left(\frac{1}{X_L}\right)^2} = \sqrt{\left(\frac{1}{R}\right)^2 + \left(\frac{1}{\omega L}\right)^2}\ [\text{V}] \cdots\cdots\cdots\cdots (4\text{-}73)$$

으로 나타낼 수 있다.

② 전압과 전류의 위상 관계는

$$\theta = \tan^{-1}\frac{-\dfrac{1}{\omega L}}{\dfrac{1}{R}} = -\tan^{-1}\frac{R}{\omega L}\ [\text{rad}] \cdots\cdots\cdots\cdots (4\text{-}74)$$

이 된다.

③ $R-L$ 병렬회로에 흐르는 전류 I는

$$I = \sqrt{I_R{}^2 + I_L{}^2} = \sqrt{\left(\frac{V}{R}\right)^2 + \left(\frac{V}{X_L}\right)^2} = \sqrt{\left(\frac{1}{R}\right)^2 + \left(\frac{1}{\omega L}\right)^2}\ \cdot\ V[\text{A}] \cdots\cdots (4\text{-}75)$$

가 되고, 전류 $\dot{I}$가 전압 $\dot{V}$보다 위상이 θ만큼 뒤진다.

(3) $R-C$ 병렬회로

[그림 4-43]과 같이 저항 $R[\Omega]$과 정전용량 $C[\text{F}]$이 병렬로 연결된 회로에 주파수 $f[\text{Hz}]$, 전압 $V[\text{V}]$의 교류전압을 가했을 때 회로에 흐르는 전류를 $I[\text{A}]$라 하면 다음과 같다.

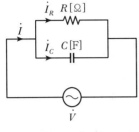

(a) $R-C$ 병렬회로   (b) $R-C$ 병렬회로 벡터도

[그림 4-43] $R-C$ **병렬회로**

① $R-C$ 병렬회로의 어드미턴스 $\dot{Y}$의 크기는

$$\dot{Y} = \frac{1}{R} + j\omega C[\mho] \text{이므로}$$

$$Y = \sqrt{\left(\frac{1}{R}\right)^2 + (\omega C)^2} = \sqrt{\left(\frac{1}{R}\right)^2 + (2\pi f c)^2} \ [\mho] \quad\cdots\cdots\cdots\cdots\cdots\cdots\cdots\cdots\cdots (4\text{-}76)$$

으로 나타낼 수 있다.

② 전압과 전류의 위상은

$$\theta = \tan^{-1}\frac{\omega C}{\frac{1}{R}} = \tan^{-1}\omega CR = \tan^{-1}2\pi f CR[\text{rad}] \quad\cdots\cdots\cdots\cdots\cdots\cdots\cdots (4\text{-}77)$$

로 표시할 수 있다.

③ $R-L$ 병렬회로에 흐르는 전류 I는

$$I = \sqrt{I_R{}^2 + I_C{}^2} = \sqrt{\left(\frac{V}{R}\right)^2 + (\omega CV)^2} = \sqrt{\left(\frac{1}{R}\right)^2 + (\omega C)^2} \cdot V[\text{A}] \quad\cdots\cdots\cdots (4\text{-}78)$$

이 되고, 전류 $\dot{I}$가 전압 $\dot{V}$보다 위상이 θ만큼 앞선다.

(4) $L-C$ 병렬회로

[그림 4-44]와 같이 인덕턴스 L[H]와 정전용량 C[F]이 병렬로 연결된 회로에 주파수 f[Hz], 전압 V[V]의 교류전압을 가했을 때 회로에 흐르는 전류를 I[A]라 하면 다음과 같다.

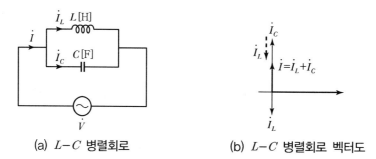

(a) $L-C$ 병렬회로   (b) $L-C$ 병렬회로 벡터도

[그림 4-44] $L-C$ **병렬회로**

① $L-C$ 병렬회로에서 L에 흐르는 전류 $\dot{I}_L$과 C에 흐르는 $\dot{I}_C$의 위상차는 $180°$이다.

② $\dfrac{1}{\omega L} < \omega C$인 경우의 전류 I는

$$I = I_C - I_L = \omega CV - \frac{V}{\omega L} = \left(\omega C - \frac{1}{\omega L}\right)V = \frac{V}{\dfrac{1}{\omega C - \dfrac{1}{\omega L}}} = \frac{V}{Z}\text{[A]} \cdots\cdots (4\text{-}79)$$

이다.

③ $\dfrac{1}{\omega L} > \omega C$인 경우의 전압전류 I는

$$I = I_L - I_C = \frac{V}{\omega L} - \omega CV = \left(\frac{1}{\omega L} - \omega C\right)V = \frac{V}{\dfrac{1}{\dfrac{1}{\omega L} - \omega C}} = \frac{V}{Z}\text{[A]} \cdots\cdots (4\text{-}80)$$

이 된다.

④ $\dfrac{1}{\omega L}$과 ωC의 크기에 의한 $\dot{V}$와 $\dot{I}$의 위상 관계는

- $\dfrac{1}{\omega L} < \omega C$의 경우 : $I_L < I_C$이고 I는 V보다 $\dfrac{\pi}{2}$[rad] 앞선 위상이 되고,

- $\dfrac{1}{\omega L} > \omega C$의 경우 : $I_L > I_C$이고 I는 V보다 $\dfrac{\pi}{2}$[rad] 뒤진 위상이 된다.

⑤ $L-C$ 병렬회로의 합성 임피던스는 $\dfrac{1}{\omega L} < \omega C$의 경우 용량 리액턴스로 작용하고, $\dfrac{1}{\omega L} > \omega C$의 경우 유도 리액턴스로 작용한다.

(5) $R-L-C$ 병렬회로

[그림 4-45]와 같이 저항 R[Ω], 인덕턴스 L[H], 정전용량 C[F]이 병렬로 연결된 회로에 교류전압 V를 가했을 때 다음과 같다.

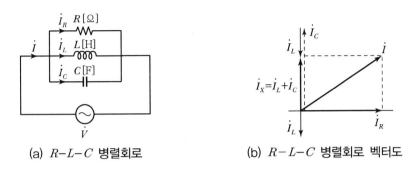

(a) $R-L-C$ 병렬회로   (b) $R-L-C$ 병렬회로 벡터도

[그림 4-45] $R-L-C$ 병렬회로

① 회로에 흐르는 전류 I는

$$I = \sqrt{I_R^2 + (I_C - I_L)^2} = \sqrt{\left(\frac{V}{R}\right)^2 + \left(\omega CV - \frac{V}{\omega L}\right)^2}$$

$$= \frac{V}{\dfrac{1}{\sqrt{\left(\dfrac{1}{R}\right)^2 + \left(\omega C - \dfrac{1}{\omega L}\right)^2}}} = \frac{V}{Z}\,[\text{A}] \cdots\cdots\cdots\cdots\cdots\cdots (4\text{-}81)$$

② $R-L-C$ 병렬회로의 합성 임피던스 Z[Ω]은

$$Z = \frac{1}{\sqrt{\left(\dfrac{1}{R}\right)^2 + \left(\omega C - \dfrac{1}{\omega L}\right)^2}}\,[\Omega] \cdots\cdots\cdots\cdots\cdots\cdots\cdots\cdots (4\text{-}82)$$

③ 위상차 θ는

$$\tan\theta = \frac{I_X}{I_R} = \frac{\omega CV - \dfrac{V}{\omega L}}{\dfrac{V}{R}} = \left(\omega C - \frac{1}{\omega L}\right)R$$

$$\theta = \tan^{-1}\left(\omega C - \frac{1}{\omega L}\right)R = \tan^{-1}\left(2\pi f C - \frac{1}{2\pi f L}\right)R\,[\text{rad}] \cdots\cdots\cdots (4\text{-}83)$$

(6) 병렬공진

[그림 4-46]과 같이 인덕턴스 L[H]와 내부저항 R[Ω]이 직렬로 연결된 코일과 정전용량 C[F]인 콘덴서를 병렬로 접속한 회로에 주파수 f[Hz], 전압 V[V]의 교류전압을 가할 때 다음과 같다.

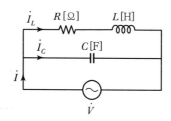

(a) $R-L-C$ 병렬회로

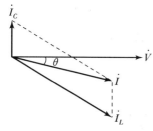

(b) $R-L-C$ 병렬회로 벡터도

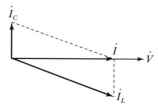

(c) $R-L-C$ 병렬회로 공진 시의 벡터도

[그림 4-46] $R-L-C$ 병렬회로 공진

① L과 C에 흐르는 전류 I, I_L과 I_C는

$$\dot{I} = \dot{I}_L + \dot{I}_C$$

$$\dot{I}_L = \frac{\dot{V}}{R+j\omega L} = \left(\frac{R}{R^2+(\omega L)^2} - j\frac{\omega L}{R^2+(\omega L)^2}\right)\dot{V}$$

$$\dot{I}_C = jwC\dot{V} \text{ [A]}$$

따라서

$$\dot{I} = \left[\frac{R}{R^2+(\omega L)^2} + j\left(\omega C - \frac{\omega L}{R^2+(\omega L)^2}\right)\right]\dot{V} \quad \cdots\cdots\cdots\cdots\cdots (4\text{-}84)$$

병렬공진 시 허수 항은 0이 되므로 회로의 전전류 $\dot{I}$는 전압 $\dot{V}$와 동상이 되고 전류가 최소로 흐르게 된다. 이 현상을 병렬공진(parallel resonance)이라 한다.

② 병렬공진 시 주파수(각 주파수를 ω_0, 주파수를 f_0라 하면)

$\omega_0 C = \dfrac{\omega_0 L}{R^2+(\omega_0 L)^2}$ 에서 ω_0에 관하여 정리하면

$$\omega_0 = \sqrt{\frac{1}{LC} - \frac{R^2}{L^2}}$$

이 된다. 따라서 $\omega_0 = 2\pi f$ 이므로

$$f_0 = \frac{1}{2\pi} \sqrt{\frac{1}{LC} - \frac{R^2}{L^2}} \fallingdotseq \frac{1}{2\pi\sqrt{LC}} \, [\text{Hz}] \cdots\cdots\cdots\cdots\cdots\cdots\cdots\cdots (4\text{-}85)$$

가 된다($\frac{1}{LC} \gg \frac{R^2}{L^2}$ 의 경우).

③ 공진 시 임피던스는

$$Z_0 = \frac{R^2 + \omega_0{}^2 L^2}{R} \fallingdotseq \frac{\omega_0{}^2 L^2}{R} \, [\Omega]$$

실제 코일의 저항 R이 작으며, 고주파에서는 $R^2 \ll \omega_0{}^2 L^2$이고 공진 주파수

$$f_0 \fallingdotseq \frac{1}{2\pi\sqrt{LC}} \, [\text{Hz}]$$

이므로 공진 임피던스 Z_0는

$$Z_0 = \frac{L}{CR} \, [\Omega] \cdots\cdots\cdots\cdots\cdots\cdots\cdots\cdots\cdots\cdots\cdots\cdots\cdots\cdots\cdots (4\text{-}86)$$

이 된다.

(7) 병렬공진회로의 공진 곡선

[그림 4-47]과 같이 공진 주파수가 f_0일 때, 공진 임피던스가 최대가 되므로, 전류는 전압과 동상이면서 최소가 되고, 공진 주파수보다 높은 주파수에서는 앞선 전류, 낮은 경우에는 뒤진 전류가 된다.

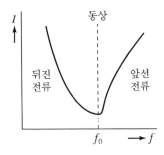

[그림 4-47] 병렬공진회로의 공진 곡선

공진전류 I_0는

$$I_0 = \left(\frac{R}{R^2 + \omega_0^2 L^2} \right) V [A] \cdots\cdots\cdots (4\text{-}87)$$

병렬공진 시 인덕턴스 L에 흐르는 전류를 I_{L0}, 정전용량에 흐르는 전류를 I_{C0}라 하면 I_{L0} 또는 I_{C0}와 전체 공진전류 I_0의 비를 구하면

$$Q = \frac{I_{L0}}{I_0} = \frac{I_{C0}}{I_0} = \frac{\omega_0 L}{R} = \frac{1}{\omega_0 C R} \cdots\cdots\cdots (4\text{-}88)$$

이 된다. 이 Q를 전류 확대율이라 한다.

+ 예제 4-28 그림과 같은 회로에서 $R = 1[\Omega]$, $L = 1.59[mH]$, $V = 10[V]$, $f_r = 1[kHz]$에서 공진할 때 정전용량 C의 값을 구하여라.

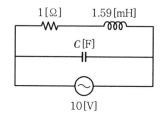

풀이 공진할 때의 유도 리액턴스 $\omega_0 L = 2\pi f_0 L = 2\pi \times 10^{-3} \times 1.59 \times 10^{-3} = 10[\Omega]$

공진조건은 $\omega_0 C = \dfrac{\omega_0 L}{R^2 + (\omega_0 L)^2} = \dfrac{10}{1 + 10^2} = 0.1$

$\therefore C = \dfrac{0.1}{2\pi \times 10^3} = 15.9 \times 10^{-6} = 15.9[\mu F]$

4.3.4 단상 교류전력

교류전력은 순시전압 v와 순시전류 i의 곱으로 나타낸 순시전력 p를 1주기 동안 평균한 값을 말하며 전력 또는 평균전력이라고 한다.

(1) 저항부하의 전력

저항 R만의 회로에 [그림 4-48]과 같이 정현파 교류전압의 순싯값 $v = \sqrt{2}\, V \sin\omega t[V]$를 가할 때 회로에 흐르는 전류 i는

$$i = \frac{v}{R} = \sqrt{2}\,\frac{V}{R}\sin\omega t = \sqrt{2}\,I\sin\omega t\,[\text{A}]$$

이고, 전압 v와 동상이다. 여기서 $I = \dfrac{V}{R}$이고, 저항에서의 순시전력 p는 다음과 같이 된다.

$$p = vi = \sqrt{2}\,V\sin\omega t \cdot \sqrt{2}\,I\sin\omega t = 2VI\sin^2\omega t\,[\text{W}]$$

여기서, $2\sin^2\omega t = 1 - \cos 2\omega t$(삼각함수의 2배각 공식)를 대입하여 정리하면

$$p = VI(1 - \cos 2\omega t) = VI - VI\cos 2\omega t\,[\text{W}] \quad\cdots\cdots\cdots\cdots\cdots\cdots (4\text{-}89)$$

가 된다.

교류전력 P는 순시전력을 평균한 평균전력이므로 [식 4-89]의 둘째 항 $VI\cos 2\omega t$는 1주기를 평균하면 0이 된다. 따라서 저항 R만의 회로에서 교류전력 P는 전압과 전류의 실횻값을 곱한 것과 같다.

$$P = VI = I^2R = \frac{V^2}{R}\,[\text{W}] \quad\cdots\cdots\cdots\cdots\cdots\cdots\cdots\cdots\cdots\cdots\cdots (4\text{-}90)$$

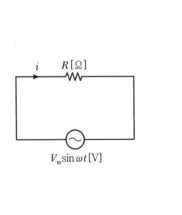

(a) 저항부하의 회로

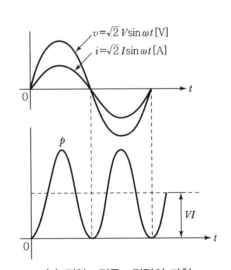

(b) 전압 · 전류 · 전력의 파형

[그림 4-48] 저항부하의 전력

+ 예제 4-29 200[V], 60[Hz]인 교류전압이 50[Ω]의 전구에 인가될 때, 소비전력을 구하여라.

풀이 $P = \dfrac{V^2}{R}$에서 $P = \dfrac{(200)^2}{50} = 800\,[\text{W}]$

(2) 유도성 리액턴스 부하인 경우의 전력

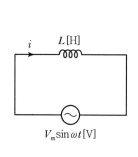

(a) 유도성 리액턴스 부하의 회로

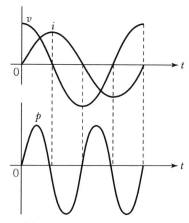

(b) 전압 · 전류 · 전력의 파형

[그림 4-49] 유도성 리액턴스 부하인 경우의 전력

자체 인덕턴스 L만의 회로에 [그림 4-49]와 같이 정현파 교류전압의 순싯값 $v = \sqrt{2}\,V \sin\omega t$ [V]를 가할 때 회로에 흐르는 전류 i는

$$i = \frac{v}{\omega L} = \frac{1}{\omega L} \cdot \sqrt{2}\,V\sin\omega t = \sqrt{2}\,I\sin\left(\omega t - \frac{\pi}{2}\right) \cdots\cdots\cdots\cdots\cdots\cdots (4\text{-}91)$$

이고, 전류 i는 전압 v보다 $\dfrac{\pi}{2}$[rad]만큼 뒤진다. 여기서 $I = \dfrac{V}{\omega L}$이고, 인덕턴스에 공급되는 순시전력 p는 다음과 같이 된다.

$$p = vi = \sqrt{2}\,V\sin\omega t \cdot \sqrt{2}\,I\sin\left(\omega t - \frac{\pi}{2}\right)$$

$$= \sqrt{2}\,V\sin\omega t \cdot (-\sqrt{2}\,I\cos\omega t)$$

$$= -2VI\sin\omega t\cos\omega t \cdots\cdots\cdots\cdots\cdots\cdots\cdots\cdots\cdots\cdots\cdots\cdots\cdots (4\text{-}92)$$

여기서, $2\sin\omega t\cos\omega t = \sin 2\omega t$(삼각함수의 2배각 공식)를 대입하여 정리하면

$$p = -VI\sin 2\omega t \text{[VA]} \cdots\cdots\cdots\cdots\cdots\cdots\cdots\cdots\cdots\cdots\cdots\cdots\cdots\cdots (4\text{-}93)$$

이 된다.

식 (4-93)에서와 같이 순시전력 p는 전압의 2배의 주파수로 사인파 형태로 변화하는 주기함수이므로 1주기에 대해서 평균을 취하면 0이 된다.

(3) 용량성 리액턴스 부하인 경우의 전력

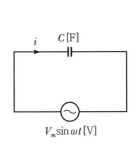

(a) 용량성 리액턴스 부하의 회로

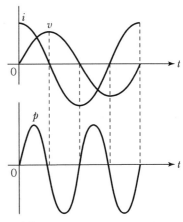

(b) 전압 · 전류 · 전력의 파형

[그림 4-50] 용량성 리액턴스 부하인 경우의 전력

정전용량 C만의 회로에 [그림 4-50]과 같이 정현파 교류전압의 순싯값 $v = \sqrt{2}\,V\sin\omega t[\mathrm{V}]$ 를 가할 때 회로에 흐르는 전류 i는

$$i = \omega Cv = \sqrt{2}\,\omega CV\sin\left(\omega t + \frac{\pi}{2}\right) = \sqrt{2}\,I\sin\left(\omega t + \frac{\pi}{2}\right)$$

$$= \sqrt{2}\,I\cos\omega t[\mathrm{A}] \quad\cdots\cdots\cdots\cdots\cdots\cdots\cdots\cdots\cdots\cdots\cdots (4\text{-}94)$$

이고, 전류 i는 전압 v보다 $\frac{\pi}{2}[\mathrm{rad}]$만큼 앞선다. 여기서, $I = \omega CV$이고 정전용량에 공급되는 순시전력 p는 다음과 같이 된다.

$$p = vi = \sqrt{2}\,V\sin\omega t \times \sqrt{2}\,I\cos\omega t = 2\,VI\sin\omega t\cos\omega t \quad\cdots\cdots\cdots\cdots\cdots\cdots (4\text{-}95)$$

여기서, $2\sin\omega t\cos\omega t = \sin 2\omega t$(삼각함수의 2배각 공식)이므로 [식 4-95]를 정리하면

$$p = VI\sin 2\omega t[\mathrm{VA}] \quad\cdots\cdots\cdots\cdots\cdots\cdots\cdots\cdots\cdots\cdots\cdots\cdots\cdots\cdots (4\text{-}96)$$

가 된다. [식 4-96]에서와 같이 순시전력 p는 전압의 2배의 주파수로 사인파 형태로 변화하는 주기함수이므로 1주기에 대해서 평균을 취하면 0이 된다.

(4) 임피던스 부하(일반 부하)의 전력

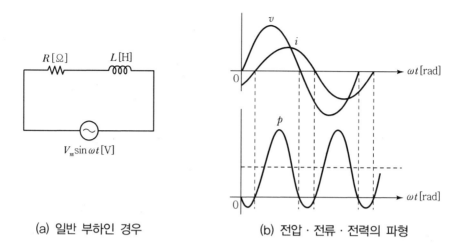

(a) 일반 부하인 경우   (b) 전압 · 전류 · 전력의 파형

[그림 4-51] 임피던스 부하(일반 부하)의 전력

저항 R과 인덕턴스 L이 직렬로 접속된 회로에 [그림 4-51]과 같이 정현파 전압 $v = \sqrt{2}\,V\sin\omega t$ [V]를 가할 때 회로에 흐르는 전류 i는 전압 v보다 θ[rad]만큼 뒤지므로

$$p = vi = \sqrt{2}\,V\sin\omega t \times \sqrt{2}\,I\sin(\omega t - \theta)$$
$$= 2VI\sin\omega t \cdot \sin(\omega t - \theta)\,[\mathrm{W}] \quad\cdots\cdots\cdots\cdots\cdots\cdots\cdots\cdots\cdots \text{(4-97)}$$

여기서, 삼각함수 공식($\sin A \sin B = -\dfrac{1}{2}[\cos(A+B) - \cos(A-B)]$)을 대입하여 정리하면

$$p = VI\cos\theta - VI\cos(2\omega t - \theta)\,[\mathrm{W}] \quad\cdots\cdots\cdots\cdots\cdots\cdots\cdots \text{(4-98)}$$

이 된다. 식 (4-98)에서 둘째 항은 1주기에 대한 평균값을 구하면 0이 되므로

$$P = VI\cos\theta\,[\mathrm{W}] \quad\cdots\cdots\cdots\cdots\cdots\cdots\cdots\cdots\cdots\cdots\cdots\cdots \text{(4-99)}$$

가 된다.

(5) 교류 전력의 종류

① 피상전력(apparent power)

가해진 전압 V[V]와 유입된 전류 I[A]의 곱으로 생각하는 전력(겉보기 전력)으로서 단위는 [VA] 또는 [kVA]를 사용한다.

$$P_a = VI = \sqrt{P^2 + P_r^2} = I^2 Z = \frac{V^2}{Z} = YV^2 \quad\text{(4-100)}$$

② 유효전력(effective power)

겉보기 전력 VI 중 부하에서 유효하게 이용되는 전력을 말하며, 전압과 유효 전류($I\cos\theta$)의 곱을 유효전력이라 한다. 단위는 [W] 또는 [kW]를 사용한다.

$$P = VI\cos\theta \,[\text{W}]$$

$$P = VI\cos\theta = I^2 R = \frac{V^2}{R} = GV^2 [\text{W}] \quad\text{(4-101)}$$

③ 무효전력(reactive power)

회로에 흐르는 전류 I[A] 중에서 전압 V와 직각으로 되는 성분 $I\sin\theta$와 전압 V[V]의 곱을 무효전력이라 하고 단위는 [Var] 또는 [kVar]를 사용한다.

$$P = VI\sin\theta [\text{Var}]$$

$$P_r = VI\sin\theta = I^2 X = \frac{V^2}{X} = BV^2 [\text{Var}] \quad\text{(4-102)}$$

④ 유효전력, 무효전력, 피상전력의 관계

유효전력 P[W], 무효전력 P_r[Var], 피상전력 P_a[VA] 사이에는 다음과 같은 관계가 성립된다.

$$P_a^2 = P^2 + P_r^2 \quad\text{(4-103)}$$

⑤ 전력 삼각형

유효전력, 피상전력 그리고 무효전력의 관계식을 벡터로 나타낼 수 있다. 유효전력을 P, 무효전력을 P_r, 피상전력을 P_a라 하면 다음과 같다.

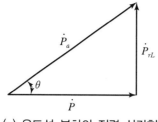
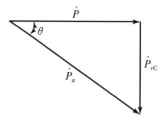

(a) 유도성 부하의 전력 삼각형   (b) 용량성 부하의 전력 삼각형

[그림 4-52] 전력 삼각형

$$\dot{P}_a = \dot{P} + \dot{P}_r$$

따라서 유도성 부하의 전력 $\dot{P}_a$는

$$\dot{P}_a = \dot{P} + j\dot{P}_{rL}$$

여기서, P_{rL} : 유도성 부하의 무효전력

용량성 부하의 전력 $\dot{P}_a$는

$$\dot{P}_a = \dot{P} - j\dot{P}_{rC}$$

여기서, P_{rC} : 용량성 부하의 무효전력

로 나타낼 수 있다.

만일 어떤 회로가 유도성과 용량성 부하를 모두 가지고 있다면 전력 삼각형의 무효 성분은 무효전력의 차이에 의해서 결정된다.

⑥ 복소전력

어떤 회로에 공급되는 P, P_r를 실수부, 허수부로 하는 복소수를 그 회로에 대한 복소전력(complex power)이라 한다. 이것을 P_a로 표시하면

$$P_a = P + jP_r = VI(\cos\theta + j\sin\theta)(= VI\angle\theta) = VI\cos\theta + j\,VI\sin\theta$$
$$= RI^2 + j\,XI^2 = ZI^2$$

여기서,

$$P_a = ZI^2 = ZII^* = VI^* \,[\text{VA}] \quad\cdots\cdots\cdots (4\text{-}104)$$

가 된다. 여기서, I^*는 켤레복소수를 나타낸다.

(6) 역률

교류회로의 전력은 $R-L$ 회로나 $R-C$, $R-L-C$ 회로와 같이 리액턴스 성분이 있으면 전압 v와 전류 i 사이에는 위상차 θ가 생겨 저항 R만의 회로의 $\cos\theta$배의 전력이 소비된다. 이 $\cos\theta$를 역률(power factor)이라 하고 θ를 역률각이라 한다.

역률은 수치 또는 백분율로 나타내며 다음 식으로 나타낸다.

$$\cos\theta = \frac{P}{VI} \text{ 또는 } \cos\theta = \frac{P}{VI}\times 100[\%] \cdots\cdots\cdots\cdots\cdots\cdots\cdots\cdots\cdots (4\text{-}105)$$

＋ 예제 4-30 $R=20[\Omega]$, $L=0.1[\mathrm{H}]$인 직렬회로에 60[Hz], 115[V]의 교류전압을 인가했을 때 회로의 역률, 평균전력을 구하여라.

풀이 유도 리액턴스 $X_L = \omega L = 2\times 3.14\times 60\times 0.1 = 37.7[\Omega]$

$Z = \sqrt{R^2 + X_L^2} = \sqrt{20^2 + 37.7^2} = 42.6[\Omega]$, 역률 $\cos\theta = \dfrac{R}{Z} = \dfrac{20}{42.6} = 0.47$

$I = \dfrac{V}{Z} = \dfrac{115}{42.6} = 2.7[\mathrm{A}]$, 평균전력 $P = VI\cos\theta = 115\times 2.7\times 0.47 = 146[\mathrm{W}]$

＋ 예제 4-31 어느 회로의 유효전력이 80[W], 무효전력이 60[Var]일 때 피상전력과 역률을 구하여라.

풀이 피상전력 $P_a = \sqrt{80^2 + 60^2} = 100[\mathrm{VA}]$, 역률 $\cos\theta = \dfrac{P}{P_a} = \dfrac{80}{100} = 0.8$

＋ 예제 4-32 전압 $V=100[\mathrm{V}]$, 전류 $I=20[\mathrm{A}]$, $P=1.6[\mathrm{kW}]$의 전력을 소비하는 회로의 역률, 임피던스, 저항, 리액턴스를 구하여라.

풀이 역률 $\cos\theta = \dfrac{P}{VI} = \dfrac{1.6\times 10^3}{100\times 20} = 0.8$, 저항 $R = \dfrac{P}{I^2} = \dfrac{1.6\times 10^3}{20^2} = 4[\Omega]$

임피던스 $Z = \dfrac{R}{\cos\theta} = \dfrac{4}{0.8} = 5[\Omega]$, 리액턴스 $X_L = \sqrt{Z^2 - R^2} = \sqrt{5^2 - 4^2} = 3[\Omega]$

4.4 3상 교류

주파수가 같고 위상이 다른 3개의 교류 기전력을 1조로 하여 사용하는 방식을 3상 방식(3 phase system)이라 하고, 기전력을 각각 단독으로 취급하는 방식을 단상 방식(single phase system)이라 한다.

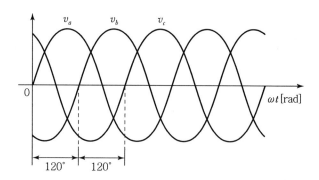

[그림 4-53] 3상 교류 기전력

3상 방식 중에 3개의 기전력이 같고 인접하고 있는 각 상의 기전력의 위상이 서로 $\frac{2}{3}\pi$[rad]씩 다를 때 이것을 대칭 3상(symmetric 3 phase)이라 하고 그렇지 않은 경우를 비대칭 3상(asymmetric 3 phase)이라 한다.

또한 부하의 경우에는 각 상의 임피던스가 같은 부하를 평형 부하(balanced load)라 하고, 그렇지 않은 부하를 불평형 부하(unbalanced load)라 한다.

대칭 3상 전원에 평형 3상 부하를 접속하면 전류는 각 상이 모두 같고 위상차도 서로 $\frac{2}{3}\pi$[rad]으로 된다. 이와 같은 회로를 평형 3상 회로(balanced 3 phase circuit)라 하고 그렇지 않은 회로를 불평형 3상 회로(unbalanced 3 phase circuit)라 한다.

4.4.1 3상 교류의 순싯값

대칭 3상 회로에서 상순이 a, b, c일 때, 교류전압의 순싯값을 v_a, v_b, v_c라면, a상을 기준으로 하여

$$v_a = V_m \sin \omega t [\text{V}] \cdots\cdots\cdots\cdots\cdots\cdots\cdots\cdots\cdots\cdots (4\text{-}106)$$

$$v_b = V_m \sin \left(\omega t - \frac{2}{3}\pi \right)[\text{V}] \cdots\cdots\cdots\cdots\cdots\cdots\cdots (4\text{-}107)$$

$$v_c = V_m \sin \left(\omega t - \frac{4}{3}\pi \right)[\text{V}] \cdots\cdots\cdots\cdots\cdots\cdots\cdots (4\text{-}108)$$

로 표시할 수 있다.

3상 교류를 벡터로 그리면 [그림 4-54]와 같이 된다. 이 경우 상순이 a, b, c이므로 V_a를 기준 벡터로 하여 다른 상전압 V_b, V_c는 위상을 각각 $\dfrac{2}{3}\pi\,[\mathrm{rad}]$, $\dfrac{4}{3}\pi\,[\mathrm{rad}]$만큼씩 뒤지게 하여 그린다.

각 상 전압의 합은 $V_a + V_b + V_c = 0$이 된다.

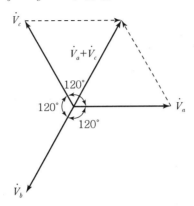

[그림 4-54] 3상 교류의 벡터

직각 좌표상의 2개의 성분으로 나누어 나타내면

$$V_a = V\,[\mathrm{V}] \quad\cdots\cdots\quad (4\text{-}109)$$

$$\dot{V}_b = V\cos\left(-\frac{2\pi}{3}\right) + jV\sin\left(-\frac{2\pi}{3}\right) = V\left(-\frac{1}{2} - j\frac{\sqrt{3}}{2}\right)[\mathrm{V}] \quad\cdots\cdots\quad (4\text{-}110)$$

$$\dot{V}_c = V\cos\left(-\frac{4\pi}{3}\right) + jV\sin\left(-\frac{4\pi}{3}\right) = V\left(-\frac{1}{2} + j\frac{\sqrt{3}}{2}\right)[\mathrm{V}] \quad\cdots\cdots\quad (4\text{-}111)$$

극좌표 형식으로 나타내면

$$\dot{V}_a = V\angle 0\,[\mathrm{V}] \quad\cdots\cdots\quad (4\text{-}112)$$

$$\dot{V}_b = V\angle -\frac{2}{3}\pi\,[\mathrm{V}] \quad\cdots\cdots\quad (4\text{-}113)$$

$$\dot{V}_c = V\angle -\frac{4}{3}\pi\,[\mathrm{V}] \quad\cdots\cdots\quad (4\text{-}114)$$

3개의 전압을 직렬로 접속한 경우의 합성 전압 V는

$$V = V_a + V_b + V_c = V + V\left(-\frac{1}{2} - j\frac{\sqrt{3}}{2}\right) + V\left(-\frac{1}{2} + j\frac{\sqrt{3}}{2}\right) = 0\,[\mathrm{V}]$$

가 된다.

4.4.2 3상 교류 결선법

(1) 상전압, 상전류, 선전압, 선전류

3상 교류의 결선, 즉 3개의 상을 접속하는 방법에는 Y결선법과 Δ결선법이 있다. 각 상의 전압을 상전압 V_P라 하고, 각 상에 흐르는 전류를 상전류 I_P라 한다. 부하에 전력을 공급하는 도선 사이의 전압을 선(간)전압 V_l 도선에 흐르는 전류를 선(간)전류 I_l이라 한다.

(2) Y결선의 상전압과 선간전압

3상 방식의 기전력이나 부하를 접속하는 방법으로 Y결선(Y-connection)이 있는데, 그림과 같이 각 상의 끝을 한 점에 접속하고 다른 끝을 3선으로 빼낸 방식으로 성형결선(star connection)이라고도 한다.

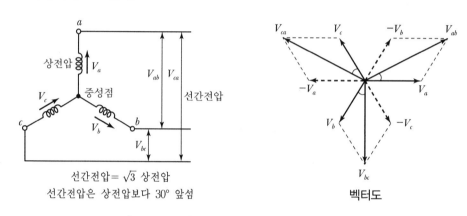

[그림 4-55] Y결선의 상전압과 선간전압

[그림 4-55]에서 Y결선의 전압 $\dot{V}_a$, $\dot{V}_b$, $\dot{V}_c$를 상전압이라 하면, 각 선간전압은 상전압의 차가 되므로

$$\dot{V}_{ab} = \dot{V}_a - \dot{V}_b[\text{V}] \quad\text{(4-115)}$$

$$\dot{V}_{bc} = \dot{V}_b - \dot{V}_c[\text{V}] \quad\text{(4-116)}$$

$$\dot{V}_{ca} = \dot{V}_c - \dot{V}_a[\text{V}] \quad\text{(4-117)}$$

이 된다.

선간전압 $\dot{V}_{ab}$, $\dot{V}_{bc}$, $\dot{V}_{ca}$의 위상은 $\dot{V}_a$, $\dot{V}_b$, $\dot{V}_c$보다 각각 $\dfrac{\pi}{6}$[rad] 앞서게 되고 크기도 $\dot{V}_{ab}$와 $\dot{V}_a$의 관계에서 $\dot{V}_{ab} = 2\dot{V}_a\cos\dfrac{\pi}{6} = \sqrt{3}\,V_a[\text{V}]$가 되므로 b상과 c상도 마찬가지로 성립된다.

$$\dot{V}_{ab}= \sqrt{3}\ V_a \angle \frac{\pi}{6}\,[\mathrm{V}] \quad\text{……………………………………} (4\text{-}118)$$

$$\dot{V}_{bc}= \sqrt{3}\ V_b \angle \frac{\pi}{6} = \sqrt{3}\ V_a \angle -\frac{2\pi}{3} + \frac{\pi}{6}\,[\mathrm{V}] \quad\text{………………} (4\text{-}119)$$

$$\dot{V}_{ca}= \sqrt{3}\ V_c \angle \frac{\pi}{6} = \sqrt{3}\ V_a \angle -\frac{4\pi}{3} + \frac{\pi}{6}\,[\mathrm{V}] \quad\text{………………} (4\text{-}120)$$

따라서 대칭 3상 회로의 선간전압 $\dot{V}_l$과 상전압 $\dot{V}_p$ 사이에는

$$\dot{V}_l= \sqrt{3}\ V_p \angle \frac{\pi}{6}\,[\mathrm{V}] \quad\text{………………………………………} (4\text{-}121)$$

의 관계식이 성립된다.

+ 예제 4-33 Y결선에서 상전압 V_p가 115[V]인 대칭 3상 교류의 선간전압 V_l을 구하여라.

풀이 선간전압 $V_l = \sqrt{3}\ V_p$로부터, $V_l = \sqrt{3}\times 115 \fallingdotseq 200\,[\mathrm{V}]$

+ 예제 4-34 선간전압 V_l이 380[V]인 대칭 3상 Y결선에서 상전압 V_p를 구하여라.

풀이 선간전압 $V_l = \sqrt{3}\ V_p$로부터 $V_p = \dfrac{V_l}{\sqrt{3}} = \dfrac{380}{\sqrt{3}} \fallingdotseq 219.39\,[\mathrm{V}]$

(3) Y결선의 상전류과 선간전류

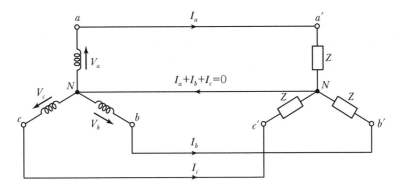

[그림 4-56] Y결선의 상전류과 선간전류

3상 대칭 전원과 임피던스 $\dot{Z} = R + jX = Z\angle\theta[\Omega]$, $\theta = \tan^{-1}\dfrac{X}{R}[\text{rad}]$인 평형 부하가 그림과 같이 Y-Y 접속되어 있을 때, 각 상에 흐르는 상전류 $\dot{I}_a$, $\dot{I}_b$, $\dot{I}_c$는

$$\dot{I}_a = \frac{\dot{V}_a}{\dot{Z}} = \frac{V_a}{Z}\angle-\theta[\text{A}] \quad\cdots\cdots\cdots\cdots\cdots\cdots\cdots\cdots\cdots\cdots\cdots\cdots (4\text{-}122)$$

$$\dot{I}_b = \frac{\dot{V}_b}{\dot{Z}} = \frac{V_b}{Z}\angle-\theta = \frac{V_a}{Z}\angle-\frac{2\pi}{3}-\theta[\text{A}] \quad\cdots\cdots\cdots\cdots\cdots (4\text{-}123)$$

$$\dot{I}_c = \frac{\dot{V}_c}{\dot{Z}} = \frac{V_c}{Z}\angle-\theta = \frac{V_a}{Z}\angle-\frac{4\pi}{3}-\theta[\text{A}] \quad\cdots\cdots\cdots\cdots\cdots (4\text{-}124)$$

가 된다.

상전류 $\dot{I}_a$, $\dot{I}_b$, $\dot{I}_c$의 위상은 $\dot{V}_a$, $\dot{V}_b$, $\dot{V}_c$보다 $\theta[\text{rad}]$만큼 뒤지게 된다. 그리고 Y-Y결선 회로에서는 상전류 $\dot{I}_p$가 선전류 $\dot{I}_l$이 되므로

$$\dot{I}_l = \dot{I}_p[\text{A}] \quad\cdots\cdots\cdots\cdots\cdots\cdots\cdots\cdots\cdots\cdots\cdots\cdots\cdots\cdots\cdots\cdots (4\text{-}125)$$

가 된다.

+ 예제 4-35 저항 5[Ω]이 Y결선된 부하에 상전압(V_p) 200[V]를 가한 경우 선전류 I_l을 구하여라.

풀이 Y결선에서 선전류=상전류이므로

$$I_p = I_l = \frac{V_p}{R} = \frac{200}{5} = 40[\text{A}]$$

+ 예제 4-36 대칭 3상 Y부하에서 각 상의 임피던스가 $Z = 3 + j\,4[\Omega]$이고, 부하전류가 20[A]일 때 이 부하의 선간전압을 구하여라.

풀이 1상의 임피던스 $Z_p = \sqrt{3^2 + 4^2} = 5[\Omega]$이고,

부하가 Y결선이므로

상전압 $V_p = I_p Z_p = 20 \times 5 = 100[\text{V}]$

$\therefore V_l = \sqrt{3}\,V_p = \sqrt{3} \times 100 \fallingdotseq 173[\text{V}]$

+ 예제 4-37 선간전압이 173[V]인 대칭 3상 Y결선 교류전원에 $12+j16[\Omega]$의 임피던스를 Y로 결선한 경우 선전류 I_l을 구하여라.

풀이 상전압 $V_p = \dfrac{V_l}{\sqrt{3}} = \dfrac{173}{\sqrt{3}} = 100[\mathrm{V}]$

Y결선에서 선전류는 상전류와 같으므로

$$I_l = I_p = \frac{V_p}{Z} = \frac{100}{\sqrt{12^2+16^2}} = \frac{100}{20} = 5[\mathrm{A}]$$

(4) △ 결선의 상전압과 선간전압

3상 기전력이나 부하를 접속하는 또 하나의 방법으로 △ 결선(delta connection)이 있다. 그림은 △ 결선을 나타낸 것으로서 각 상의 시작점을 다음 상의 끝점에 연결함으로써 △ 형을 이루고 각 접속점으로부터 3선을 빼낸 것이다.

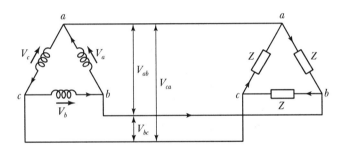

[그림 4-57] △ 결선의 상전압과 선간전압

[그림 4-57]에서 △ 결선의 전압 V_a, V_b, V_c를 상전압이라 하면, 각 선간전압은 그대로 V_{ab}, V_{bc}, V_{ca}가 되므로 상전압과 선간전압은 동일하다.

$$\dot{V}_{ab} = \dot{V}_a[\mathrm{V}], \qquad \dot{V}_{bc} = \dot{V}_b[\mathrm{V}], \qquad \dot{V}_{ca} = \dot{V}_c[\mathrm{V}]$$

따라서 △ 결선 회로에서는 상전압 V_p와 선간전압 V_l의 관계는

$$\dot{V}_l = \dot{V}_p[\mathrm{V}] \quad \text{\dotfill} \quad (4\text{-}126)$$

이 된다.

(5) △ 결선의 상전류와 선간전류

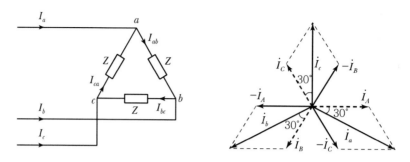

[그림 4-58] △ 결선의 상전류과 선전류

3상 대칭 전원과 임피던스 $\dot{Z} = R + jX = Z\angle\theta\,[\Omega]$, $\theta = \tan^{-1}\dfrac{X}{R}\,[\mathrm{rad}]$인 평형 부하가 그림과 같이 △-△ 접속되어 있을 때, 각 상에 흐르는 상전류 $\dot{I}_{ab}$, $\dot{I}_{bc}$, $\dot{I}_{ca}$는

$$\dot{I}_{ab} = \frac{\dot{V}_a}{\dot{Z}} = \frac{V_a}{Z}\angle -\theta = \frac{V_a}{Z}\angle -\theta\,[\mathrm{A}] \quad\text{(4-127)}$$

$$\dot{I}_{bc} = \frac{\dot{V}_b}{\dot{Z}} = \frac{V_b}{Z}\angle -\theta = \frac{V_a}{Z}\angle -\frac{2\pi}{3}-\theta\,[\mathrm{A}] \quad\text{(4-128)}$$

$$\dot{I}_{ca} = \frac{\dot{V}_c}{\dot{Z}} = \frac{V_c}{Z}\angle -\theta = \frac{V_c}{Z}\angle -\frac{4\pi}{3}-\theta\,[\mathrm{A}] \quad\text{(4-129)}$$

가 된다.

그리고 △ 결선에서 선전류를 $\dot{I}_a$, $\dot{I}_b$, $\dot{I}_c$라 하면 상전류 $\dot{I}_{ab}$, $\dot{I}_{bc}$, $\dot{I}_{ca}$와의 관계는

$$\dot{I}_a = \dot{I}_{ab} - \dot{I}_{ca}\,[\mathrm{A}] \quad\text{(4-130)}$$

$$\dot{I}_b = \dot{I}_{bc} - \dot{I}_{ab}\,[\mathrm{A}] \quad\text{(4-131)}$$

$$\dot{I}_c = \dot{I}_{ca} - \dot{I}_{bc}\,[\mathrm{A}] \quad\text{(4-132)}$$

가 된다.

선전류 $\dot{I}_a$, $\dot{I}_b$, $\dot{I}_c$의 위상은 상전류 $\dot{I}_{ab}$, $\dot{I}_{bc}$, $\dot{I}_{ca}$보다 각각 $\dfrac{\pi}{6}\,[\mathrm{rad}]$ 뒤지게 되고, 크기는 $\dot{I}_a$와 $\dot{I}_{ab}$의 관계에서 $I_a = 2I_{ab}\cos\dfrac{\pi}{6} = \sqrt{3}\,I_{ab}\,[\mathrm{A}]$가 되므로 b상과 c상도 마찬가지로 성립된다.

$$\dot{I}_a = \sqrt{3}\,I_{ab}\angle -\frac{\pi}{6} = \sqrt{3}\,I_{ab}\angle -\frac{\pi}{6}\,[\mathrm{A}] \quad\text{(4-133)}$$

$$\dot{I}_b = \sqrt{3}\,I_{bc} \angle -\frac{\pi}{6} = \sqrt{3}\,I_{ab} \angle -\frac{2\pi}{3} - \frac{\pi}{6}\,[\mathrm{A}] \cdots\cdots\cdots\cdots\cdots\cdots\cdots\cdots\cdots\cdots\cdots (4\text{-}134)$$

$$\dot{I}_c = \sqrt{3}\,I_{ca} \angle -\frac{\pi}{6} = \sqrt{3}\,I_{ab} \angle -\frac{4\pi}{3} - \frac{\pi}{6}\,[\mathrm{A}] \cdots\cdots\cdots\cdots\cdots\cdots\cdots\cdots\cdots\cdots (4\text{-}135)$$

따라서 대칭 3상 회로의 선간전류 I_l과 상전류 I_p 사이에는

$$I_l = \sqrt{3}\,I_p \angle -\frac{\pi}{6}\,[\mathrm{A}] \cdots\cdots\cdots\cdots\cdots\cdots\cdots\cdots\cdots\cdots\cdots\cdots\cdots\cdots\cdots\cdots (4\text{-}136)$$

의 관계식이 성립된다.

예제 4-38 △형 부하에서 저항 10[Ω]의 부하에 대칭 3상 전압 100[V]를 가할 때 선전류 I_l을 구하여라.

풀이 선전류 $I_l = \sqrt{3}\,I_p$ 이므로

$$I_l = \sqrt{3} \times \frac{V_l}{R} = \sqrt{3} \times \frac{100}{10} = 10\sqrt{3} \fallingdotseq 17.3\,[\mathrm{A}]$$

예제 4-39 선간전압 141[V]의 3상 교류 전원에 $4 + j4[\Omega]$의 임피던스를 갖는 △ 부하를 연결하는 경우의 선전류를 구하여라.

풀이 상전류 $I_p = \dfrac{V}{Z} = \dfrac{141}{\sqrt{4^2 + 4^2}} = 24.92\,[\mathrm{A}]$

선전류 $I_l = \sqrt{3}\,I_p = \sqrt{3} \times 24.92 = 43.16\,[\mathrm{A}]$

(6) V결선

△ 결선의 3상 전원 중 1개 상에 고장이 발생한 경우 [그림 4-59]와 같이 나머지 2개 상의 전원을 이용하여 3상 부하에 전력을 공급할 수 있는 결선 방법을 V결선이라 한다.

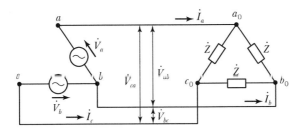

[그림 4-59] V결선의 상전압과 선간전압

[그림 4-59]에서 a상의 전원 전압 V_a는 △ 결선에서와 같이 선간전압 V_{ab}와 같고 b상의 전원 전압 V_b는 선간전압 V_{bc}와 같다. c상의 전원 전압이 제거된 경우 선간전압 $V_{ca} = -V_a - V_b$ $= -(V_a + V_b)$가 된다.

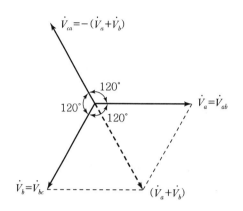

[그림 4-60] V결선의 벡터도

△ 결선의 상전류와 선전류의 관계식에서 c상의 전원 전압이 제거된 상태이므로 c상의 상전류 $I_c = 0$이다. V결선의 상전류와 선전류의 관계식은 다음과 같다.

$$I_a = I_{ab}[\text{A}] \quad\cdots\cdots\cdots\cdots\cdots\cdots\cdots\cdots\cdots\cdots\cdots\cdots\cdots\cdots\cdots\cdots\cdots (4\text{-}137)$$

$$I_b = I_{bc} - I_{ab} = -(I_a + I_c)[\text{A}] \quad\cdots\cdots\cdots\cdots\cdots\cdots\cdots (4\text{-}138)$$

$$I_{ca} = -I_{bc}[\text{A}] \quad\cdots\cdots\cdots\cdots\cdots\cdots\cdots\cdots\cdots\cdots\cdots\cdots\cdots\cdots (4\text{-}139)$$

V결선에서 선간전압과 상전압은 같고 상전류와 선전류도 같다.

4.4.3 불평형 3상 회로

3상 교류에서는 평형회로가 되도록 설계되어 유지되고 있으나, 실제는 전원이 대칭이라도 부하가 불평형인 경우도 있고, 또한 사고 시 전원이나 부하 다같이 불평형인 경우가 발생한다.

(1) 3상 Y결선 불평형 부하의 회로

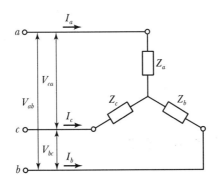

[그림 4-61] 3상 Y결선의 불평형 부하

[그림 4-61]과 같이 임피던스 $\dot{Z}_a$, $\dot{Z}_b$, $\dot{Z}_c$인 Y결선의 불평형 3상 부하에 대칭 3상 선간전압 $\dot{V}_{ab}$, $\dot{V}_{bc}$, $\dot{V}_{ca}$를 가할 때의 선전류 $\dot{I}_a$, $\dot{I}_b$, $\dot{I}_c$를 키르히호프의 법칙을 적용하여 계산하면

$$\dot{I}_a + \dot{I}_b + \dot{I}_c = 0[\text{A}] \quad \cdots\cdots\cdots\cdots\cdots\cdots\cdots\cdots\cdots\cdots\cdots\cdots\cdots\cdots\cdots \text{(4-140)}$$

$$\dot{V}_{ab} = \dot{Z}_a \dot{I}_a - \dot{Z}_b \dot{I}_b[\text{V}] \quad \cdots\cdots\cdots\cdots\cdots\cdots\cdots\cdots\cdots\cdots\cdots\cdots\cdots \text{(4-141)}$$

$$\dot{V}_{bc} = \dot{Z}_b \dot{I}_b - \dot{Z}_c \dot{I}_c[\text{V}] \quad \cdots\cdots\cdots\cdots\cdots\cdots\cdots\cdots\cdots\cdots\cdots\cdots\cdots \text{(4-142)}$$

$$\dot{V}_{ca} = \dot{Z}_c \dot{I}_c - \dot{Z}_a \dot{I}_a[\text{V}] \quad \cdots\cdots\cdots\cdots\cdots\cdots\cdots\cdots\cdots\cdots\cdots\cdots\cdots \text{(4-143)}$$

으로 표시할 수 있다.

여기서, 위 식을 이용하여 $\dot{I}_a$를 구하면

$$I_a = \frac{Z_c V_{ab} - Z_b V_{ca}}{Z_a Z_b + Z_b Z_c + Z_c Z_a}[\text{A}] \quad \cdots\cdots\cdots\cdots\cdots\cdots\cdots\cdots\cdots\cdots \text{(4-144)}$$

가 되고, 같은 방법으로 $\dot{I}_b$, $\dot{I}_c$를 구하면

$$\dot{I}_b = \frac{\dot{Z}_a \dot{V}_{bc} - \dot{Z}_c \dot{V}_{ab}}{\dot{Z}_a \dot{Z}_b + \dot{Z}_b \dot{Z}_c + \dot{Z}_c \dot{Z}_a}[\text{A}] \quad \cdots\cdots\cdots\cdots\cdots\cdots\cdots\cdots\cdots\cdots \text{(4-145)}$$

$$\dot{I_c} = \frac{\dot{Z_b}\dot{V_{ca}} - \dot{Z_a}\dot{V_{bc}}}{\dot{Z_a}\dot{Z_b} + \dot{Z_b}\dot{Z_c} + \dot{Z_c}\dot{Z_a}} [\text{A}] \quad \cdots\cdots (4\text{-}146)$$

이 된다.

그리고 부하의 상전압 $\dot{V_a}$, $\dot{V_b}$, $\dot{V_c}$를 구하면

$$\dot{V_a} = \dot{Z_a}\dot{I_a}[\text{V}] \quad \cdots\cdots (4\text{-}147)$$

$$\dot{V_b} = \dot{Z_b}\dot{I_b}[\text{V}] \quad \cdots\cdots (4\text{-}148)$$

$$\dot{V_c} = \dot{Z_c}\dot{I_c}[\text{V}] \quad \cdots\cdots (4\text{-}149)$$

가 된다.

(2) 3상 △결선 불평형 부하의 회로

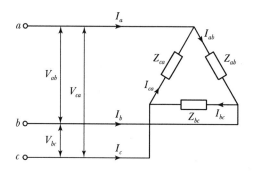

[그림 4-62] 3상 △ 결선의 불평형 부하

[그림 4-62]와 같이 △ 결선 각 상의 임피던스 $\dot{Z_{ab}}$, $\dot{Z_{bc}}$, $\dot{Z_{ca}}$인 불평형 3상 부하에 대칭 3상 선간전압 $\dot{V_{ab}}$, $\dot{V_{bc}}$, $\dot{V_{ca}}$를 가할 때, 각 상에 흐르는 상전류 $\dot{I_{ab}}$, $\dot{I_{bc}}$, $\dot{I_{ca}}$는 다음과 같다.

$$\dot{I_{ab}} = \frac{\dot{V_{ab}}}{\dot{Z_{ab}}} [\text{A}] \quad \cdots\cdots (4\text{-}150)$$

$$\dot{I_{bc}} = \frac{\dot{V_{bc}}}{\dot{Z_{bc}}} [\text{A}] \quad \cdots\cdots (4\text{-}151)$$

$$\dot{I_{ca}} = \frac{\dot{V_{ca}}}{\dot{Z_{ca}}} [\text{A}] \quad \cdots\cdots (4\text{-}152)$$

그림에서 선전류 $\dot{I_a}$, $\dot{I_b}$, $\dot{I_c}$를 계산하면 다음과 같은 식이 된다.

$$\dot{I}_a = \dot{I}_{ab} - \dot{I}_{ca} = \frac{\dot{V}_{ab}}{\dot{Z}_{ab}} - \frac{\dot{V}_{ca}}{\dot{Z}_{ca}} \, [\text{A}] \quad \text{..} \quad (4\text{-}153)$$

$$\dot{I}_b = \dot{I}_{bc} - \dot{I}_{ab} = \frac{\dot{V}_{bc}}{\dot{Z}_{bc}} - \frac{\dot{V}_{ab}}{\dot{Z}_{ab}} \, [\text{A}] \quad \text{..} \quad (4\text{-}154)$$

$$\dot{I}_c = \dot{I}_{ca} - \dot{I}_{bc} = \frac{\dot{V}_{ca}}{\dot{Z}_{ca}} - \frac{\dot{V}_{ab}}{\dot{Z}_{bc}} \, [\text{A}] \quad \text{..} \quad (4\text{-}155)$$

(3) 부하의 △↔Y 등가 변환

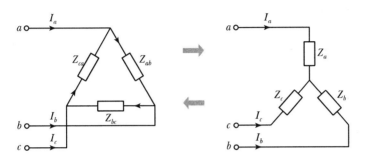

[그림 4-63] 부하의 △↔Y 등가 변환

[그림 4-63]에서 △결선과 Y결선의 단자 a, b, c에 각각 같은 단자 전압을 인가할 때 두 회로에 흐르는 전류가 같다면 두 회로는 서로 등가인 회로라고 할 수 있다.

① 부하의 △-Y 등가 변환

등가인 회로의 각 단자 $a-b$, $b-c$, $c-a$에서 본 임피던스는 서로 동일해야 하므로 다음과 같은 관계가 성립된다.

$$\dot{Z}_a + \dot{Z}_b = \frac{\dot{Z}_{ab}(\dot{Z}_{bc} + \dot{Z}_{ca})}{\dot{Z}_{ab} + \dot{Z}_{bc} + \dot{Z}_{ca}} \, [\Omega] \quad \text{..} \quad (4\text{-}156)$$

$$\dot{Z}_b + \dot{Z}_c = \frac{\dot{Z}_{bc}(\dot{Z}_{ca} + \dot{Z}_{ab})}{\dot{Z}_{ab} + \dot{Z}_{bc} + \dot{Z}_{ca}} \, [\Omega] \quad \text{..} \quad (4\text{-}157)$$

$$\dot{Z}_c + \dot{Z}_a = \frac{\dot{Z}_{ca}(\dot{Z}_{ab} + \dot{Z}_{bc})}{\dot{Z}_{ab} + \dot{Z}_{bc} + \dot{Z}_{ca}} \, [\Omega] \quad \text{..} \quad (4\text{-}158)$$

위의 세 식에서 좌, 우변을 서로 합하면

$$2(\dot{Z}_a + \dot{Z}_b + \dot{Z}_c) = 2\left(\frac{\dot{Z}_{ab}\dot{Z}_{bc} + \dot{Z}_{bc}\dot{Z}_{ca} + \dot{Z}_{ca}\dot{Z}_{ab}}{\dot{Z}_{ab} + \dot{Z}_{bc} + \dot{Z}_{ca}}\right)[\Omega] \cdots\cdots (4\text{-}159)$$

가 되고 이것을 정리하면 다음과 같이 된다.

$$\dot{Z}_a + \dot{Z}_b + \dot{Z}_c = \frac{\dot{Z}_{ab}\dot{Z}_{bc} + \dot{Z}_{bc}\dot{Z}_{ca} + \dot{Z}_{ca}\dot{Z}_{ab}}{\dot{Z}_{ab} + \dot{Z}_{bc} + \dot{Z}_{ca}}[\Omega] \cdots\cdots (4\text{-}160)$$

$$\dot{Z}_a = \frac{\dot{Z}_{ca}\dot{Z}_{ab}}{\dot{Z}_{ab} + \dot{Z}_{bc} + \dot{Z}_{ca}}[\Omega] \cdots\cdots (4\text{-}161)$$

$$\dot{Z}_b = \frac{\dot{Z}_{ab}\dot{Z}_{bc}}{\dot{Z}_{ab} + \dot{Z}_{bc} + \dot{Z}_{ca}}[\Omega] \cdots\cdots (4\text{-}162)$$

$$\dot{Z}_c = \frac{\dot{Z}_{bc}\dot{Z}_{ca}}{\dot{Z}_{ab} + \dot{Z}_{bc} + \dot{Z}_{ca}}[\Omega] \cdots\cdots (4\text{-}163)$$

평형 3상 부하인 경우에 $\dot{Z}_\Delta = \dot{Z}_{ab} = \dot{Z}_{bc} = \dot{Z}_{ca}$라 하면 $\dot{Z}_Y = \dot{Z}_a = \dot{Z}_b = \dot{Z}_c$이므로

$$\dot{Z}_Y = \frac{\dot{Z}_\Delta}{3}[\Omega] \cdots\cdots (4\text{-}164)$$

의 관계가 성립된다.

② 부하의 Y-△ 등가 변환

Y결선을 △ 결선으로 등가 변환하면 우변항을 다음과 같이 변형할 수 있다.

$$\dot{Z}_a = \frac{\dot{Z}_{ab}}{\dfrac{\dot{Z}_{ab}}{\dot{Z}_{ca}} + \dfrac{\dot{Z}_{bc}}{\dot{Z}_{ca}} + 1}[\Omega]$$

위 식에 $\dfrac{\dot{Z}_{ab}}{\dot{Z}_{ca}} = \dfrac{\dot{Z}_b}{\dot{Z}_c}$, $\dfrac{\dot{Z}_{bc}}{\dot{Z}_{ca}} = \dfrac{\dot{Z}_b}{\dot{Z}_a}$를 대입하여 정리하면

$$\dot{Z}_a = \frac{\dot{Z}_{ab}}{\dfrac{\dot{Z}_{ab}}{\dot{Z}_{ca}} + \dfrac{\dot{Z}_{bc}}{\dot{Z}_{ca}} + 1} = \frac{\dot{Z}_{ab}(\dot{Z}_a\dot{Z}_c)}{\dot{Z}_a\dot{Z}_b + \dot{Z}_b\dot{Z}_c + \dot{Z}_c\dot{Z}_a}$$

이다.

여기서, $\dot{Z}_{ab}$를 구하고 같은 방법으로 $\dot{Z}_{bc}$, $\dot{Z}_{ca}$를 구하면

$$\dot{Z}_{ab} = \frac{\dot{Z}_a \dot{Z}_b + \dot{Z}_b \dot{Z}_c + \dot{Z}_c \dot{Z}_a}{\dot{Z}_c} [\Omega] \quad\cdots\cdots\cdots\cdots\cdots\cdots\cdots\cdots (4\text{-}165)$$

$$\dot{Z}_{bc} = \frac{\dot{Z}_a \dot{Z}_b + \dot{Z}_b \dot{Z}_c + \dot{Z}_c \dot{Z}_a}{\dot{Z}_a} [\Omega] \quad\cdots\cdots\cdots\cdots\cdots\cdots\cdots\cdots (4\text{-}166)$$

$$\dot{Z}_{ca} = \frac{\dot{Z}_a \dot{Z}_b + \dot{Z}_b \dot{Z}_c + \dot{Z}_c \dot{Z}_a}{\dot{Z}_b} [\Omega] \quad\cdots\cdots\cdots\cdots\cdots\cdots\cdots\cdots (4\text{-}167)$$

평형 3상 부하인 경우에 $\dot{Z}_Y = \dot{Z}_a = \dot{Z}_b = \dot{Z}_c$ 라면 $\dot{Z}_\triangle = \dot{Z}_{ab} = \dot{Z}_{bc} = \dot{Z}_{ca}$ 이므로 다음 관계식이 성립한다.

$$\dot{Z}_\triangle = 3\dot{Z}_Y [\Omega] \quad\cdots\cdots\cdots\cdots\cdots\cdots\cdots\cdots\cdots\cdots\cdots\cdots\cdots\cdots (4\text{-}168)$$

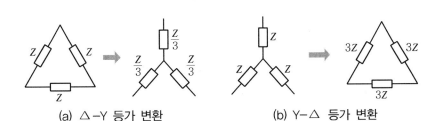

(a) △-Y 등가 변환   (b) Y-△ 등가 변환

[그림 4-64] 평행 3상 부하의 Y↔△ 등가 변환

따라서 그림에서와 같이 평행 3상 부하인 경우 Y결선을 △ 결선으로 등가 변환하려면 $\dot{Z}_\triangle$ 는 $\dot{Z}_Y$ 의 3배를, △ 결선을 Y결선으로 등가 변환하려면 $\dot{Z}_Y$ 는 $\dot{Z}_\triangle$ 의 $\frac{1}{3}$ 배를 하면 된다.

+ 예제 4-40   저항 3[Ω], 유도 리액턴스 8[Ω]이 직렬로 연결된 3개의 임피던스가 △ 로 연결되어 있다. 이것과 등가인 Y결선된 부하의 임피던스를 구하여라.

풀이   △ 결선된 1상의 임피던스는 $Z_\triangle = 3 + j8 [\Omega]$

Y결선된 부하의 1상의 임피던스는 $Z_Y = \dfrac{1}{3}(3 + j8) = 1 + j\dfrac{8}{3} [\Omega]$

4.4.4 3상 전력

(1) 3상 전력

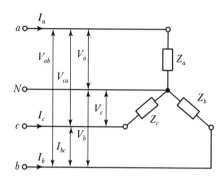

[그림 4-65] 3상 부하 회로 전력

3상 회로에서 각 부하의 임피던스가 $\dot{Z}_a$, $\dot{Z}_b$, $\dot{Z}_c$이고 역률이 각각 $\cos\theta_a$, $\cos\theta_b$, $\cos\theta_c$라 할 때 각 상의 전력 $P_a[\mathrm{W}]$, $P_b[\mathrm{W}]$, $P_c[\mathrm{W}]$는

$$P_a = V_a I_a \cos\theta_a [\mathrm{W}] : a\text{상 전력} \quad\text{·······················} \quad (4\text{-}169)$$

$$P_b = V_b I_b \cos\theta_b [\mathrm{W}] : b\text{상 전력} \quad\text{·······················} \quad (4\text{-}170)$$

$$P_c = V_c I_c \cos\theta_c [\mathrm{W}] : c\text{상 전력} \quad\text{·······················} \quad (4\text{-}171)$$

이 된다.

3상 전력 P는 각 상의 전력의 합이 되므로 다음과 같다.

$$P = P_a + P_b + P_c [\mathrm{W}] \quad\text{·······························} \quad (4\text{-}172)$$

그리고 부하의 각 상의 무효율이 각각 $\sin\theta_a$, $\sin\theta_b$, $\sin\theta_c$라 하면 각 상의 무효전력 P_r [Var]는 다음과 같이 된다.

$$P_{ra} = V_a I_a \sin\theta_a [\mathrm{Var}] : a\text{상 무효전력} \quad\text{···················} \quad (4\text{-}173)$$

$$P_{rb} = V_b I_b \sin\theta_b [\mathrm{Var}] : b\text{상 무효전력} \quad\text{···················} \quad (4\text{-}174)$$

$$P_{rc} = V_c I_c \sin\theta_c [\mathrm{Var}] : c\text{상 무효전력} \quad\text{···················} \quad (4\text{-}175)$$

따라서 3상 무효전력 $P_r[\mathrm{Var}]$는 각 상의 무효전력의 합이 되므로

$$P_r = P_{ra} + P_{rb} + P_{rc} [\mathrm{Var}] \quad\text{·······················} \quad (4\text{-}176)$$

(2) 평형 3상 회로의 전력

평형 3상 부하 회로에서 상전압 V_p[V], 상전류 I_p[A], 선전압 V_l[V], 선전류 I_l[A], 위상 θ[rad]이라 하면 각 상의 전력 $P = V_p I_p \cos\theta$[W]가 되므로 3상 전력 $P = 3 V_p I_p \cos\theta$[W]가 된다.

평형 3상 Y결선인 경우 $V_p = \dfrac{V_l}{\sqrt{3}}$[V], $I_p = I_l$[A]를 대입하면

$$P = 3 \cdot \frac{V_l}{\sqrt{3}} I_l \cos\theta = \sqrt{3}\, V_l I_l \cos\theta \text{[W]가 된다.}$$

평형 3상 △ 결선인 경우 $V_p = V_l$[V], $I_p = \dfrac{I_l}{\sqrt{3}}$[A]를 대입하면

$$P = 3 \cdot V_l \frac{I_l}{\sqrt{3}} \cos\theta = \sqrt{3}\, V_l I_l \cos\theta \text{[W]가 된다.}$$

따라서 3상 평형 부하의 전력은 부하의 결선 방법에 관계없이 다음과 같이 나타낼 수 있다.

유효전력 $P = \sqrt{3}\, V_l I_l \cos\theta$[W] $\cdots\cdots\cdots\cdots\cdots\cdots\cdots\cdots\cdots\cdots\cdots\cdots$ (4-177)

무효전력 $P_r = \sqrt{3}\, V_l I_l \sin\theta$[Var] $\cdots\cdots\cdots\cdots\cdots\cdots\cdots\cdots\cdots\cdots$ (4-178)

피상전력 $P_a = \sqrt{3}\, V_l I_l = \sqrt{P^2 + {P_r}^2}$ [VA] $\cdots\cdots\cdots\cdots\cdots\cdots\cdots$ (4-179)

(3) V결선의 출력 용량과 이용률

△ 결선과 비교하여 V결선의 전원에서 부하로 전달되는 전력은

$$\frac{P_\text{V}}{P_\triangle} = \frac{\sqrt{3}\, V_P I_P \cos\theta}{3 V_P I_P \cos\theta} = \frac{\sqrt{3}}{3} = 0.577 \cdots\cdots\cdots\cdots\cdots\cdots\cdots\cdots\cdots (4\text{-}180)$$

이 된다.

△ 결선과 비교하여 V결선의 전원에서 부하로 전달되는 전력인 출력 용량은 57.7[%]이다. V결선에 사용되는 두 개의 단상전원을 사용하여 부하에 전력을 공급하는 경우 전원에서 부하에 전달되는 전력은

$$P_2 = 2 V_P I_P \cos\theta \text{ [W]} \cdots\cdots\cdots\cdots\cdots\cdots\cdots\cdots\cdots\cdots\cdots\cdots\cdots\cdots (4\text{-}181)$$

단상과 비교하여 V결선에서 부하로 전력을 전달하는 데 사용할 수 있는 용량의 비는

$$\frac{P_\text{V}}{P_2} = \frac{\sqrt{3}\, V_P I_P \cos\theta}{2 V_P I_P \cos\theta} = \frac{\sqrt{3}}{2} = 0.866 \cdots\cdots\cdots\cdots\cdots\cdots\cdots\cdots (4\text{-}182)$$

기 된다. 이를 이용률이라고 히며 V결선의 이용률은 86.6[%]이다.

V결선은 △ 결선에 비해 출력 용량이 57.7[%]이고 이용률도 86.6[%]이기 때문에 3상 전원으로 사용하기에는 적합하지 않으며, 3상 변압기 중 한 상에 고장이 발생한 경우 나머지 전원을 이용하여 부하에 3상 전원을 공급할 때 사용한다.

+ 예제 4-41 Y결선된 대칭 3상 회로에서 선전류가 50[A], 상전압이 200[V], 위상차가 $\dfrac{\pi}{6}$[rad]일 때 3상 유효전력[kW], 무효전력[kVar], 피상전력[kVA]을 구하여라.

풀이 3상 유효전력 $P = \sqrt{3}\,V_l I_l \cos\theta$[W]에서

$$P = \sqrt{3}\,V_l I_l \cos\theta = \sqrt{3}\times 200 \times 50 \times \cos\frac{\pi}{6} \fallingdotseq 15,000[\text{W}] \fallingdotseq 15[\text{kW}]$$

3상 무효전력 $P_r = \sqrt{3}\,V_l I_l \sin\theta$[Var]에서

$$P_r = \sqrt{3}\,V_l I_l \sin\theta = \sqrt{3}\times 200 \times 50 \sin\frac{\pi}{6} \fallingdotseq 8,660[\text{Var}] \fallingdotseq 8.66[\text{kVar}]$$

3상 피상전력 $P_a = \sqrt{3}\,V_l I_l = \sqrt{P^2 + P_r^{\,2}}$[VA]에서

$$P_a = \sqrt{3}\,V_l I_l = \sqrt{3}\times 200 \times 50 = 17,320[\text{VA}] \fallingdotseq 17.32[\text{kVA}]$$
$$= \sqrt{P^2 + P_r^{\,2}} = \sqrt{15^2 + 8.66^2} = \sqrt{225 + 74.9956} \fallingdotseq 17.32[\text{kVA}]$$

+ 예제 4-42 1상의 임피던스가 $14 + j48$[Ω]인 △부하에 대칭 선간 전압 200[V]를 가한 경우 3상 유효전력[W] 및 무효전력[Var]을 구하여라.

풀이 1상의 임피던스 $Z = \sqrt{14^2 + 48^2} = 50$[Ω], 부하 역률 $\cos\theta = \dfrac{R}{Z} = \dfrac{14}{50} = 0.28$

상전류 $I = \dfrac{V}{Z} = \dfrac{200}{50} = 4$[A], 상전압 $V_p = V_l = 200$[V]

• 3상 유효전력 $P = 3\,V_p I_p \cos\theta = 3 \times 200 \times 4 \times 0.28 = 672$[W]

• 3상 무효전력 $P_r = 3\,V_p I_p \sin\theta = 3 \times 200 \times 4 \times \sqrt{1 - 0.28^2}$
$$= 2,400 \times 0.96 \fallingdotseq 2,304[\text{Var}]$$

(4) 3상 전력의 측정

① 3전력계법

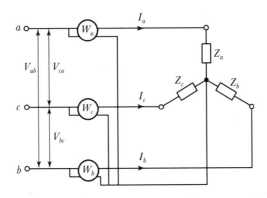

[그림 4-66] 3전력계법

3전력계법은 [그림 4-66]과 같이 3대의 단상 전력계를 사용하여 3상 전력을 측정하는 방법으로 각 전력계 W_a, W_b, W_c의 지시값을 P_a, P_b, P_c라 하면 3상 전력 $P[\mathrm{W}]$는 각 전력계의 지시값이 된다.

$$P = P_a + P_b + P_c[\mathrm{W}] \quad\text{(4-183)}$$

② 2전력계법

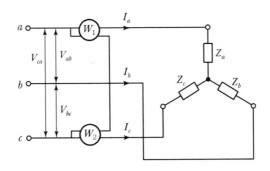

[그림 4-67] 2전력계법

2전력계법은 단상 전력계 2대를 [그림 4-67]과 같이 접속해서 측정하는 방법으로 전력계 W_1, W_2의 지시값을 P_1, P_2라 하면 3상 전력 $P[\mathrm{W}]$는 다음 식과 같이 두 전력계의 지시값의 합이 된다.

$$P = P_1 + P_2[\mathrm{W}] \quad\text{(4-184)}$$

그리고 3상 무효전력 P_r[Var]은 다음과 같이 나타낼 수 있다.

$$P_r = \sqrt{3}\,(P_1 - P_2)[\text{Var}] \cdots\cdots\cdots\cdots\cdots\cdots\cdots\cdots\cdots\cdots\cdots (4\text{-}185)$$

위상각 θ[rad]과 역률 $\cos\theta$는 다음과 같이 나타낼 수 있다.

$$\theta = \tan^{-1}\frac{P_r}{P} = \tan^{-1}\frac{\sqrt{3}\,(P_1 - P_2)}{P_1 + P_2}[\text{rad}] \cdots\cdots\cdots\cdots\cdots\cdots (4\text{-}186)$$

$$\cos\theta = \frac{P_1 + P_2}{2\sqrt{P_1^{\,2} + P_2^{\,2} - P_1 P_2}} \cdots\cdots\cdots\cdots\cdots\cdots\cdots\cdots\cdots (4\text{-}187)$$

+ 예제 4-43 단상 전력계 2개로 평형 3상 부하의 전력을 측정하였더니 각각 300[W]와 600[W]
를 나타내었다. 이때 부하의 역률을 구하여라.

풀이 $\cos\theta = \dfrac{P_1 + P_2}{2\sqrt{P_1^{\,2} + P_2^{\,2} - P_1 P_2}}$ 로부터

$\cos\theta = \dfrac{300 + 600}{2\sqrt{300^2 + 600^2 - 300 \times 600}} \fallingdotseq 0.866$

5장 회로망, 비정현파, 과도현상

5.1 회로망의 정리

5.1.1 정전압원, 정전류원

회로 문제를 취급하는 경우 일반적으로 전원은 전압원이 되나 회로에 따라서 전류원으로 취급하는 편이 편리할 때가 있다.

부하에 관계없이 단자에 일정 전압을 발생시키는 전원을 정전압원이라 하고, 부하에 관계없이 일정 전류를 발생시키는 전원을 정전류원이라 한다.

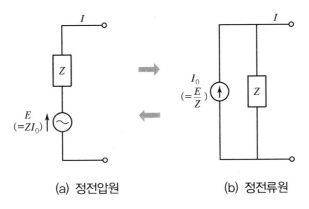

(a) 정전압원 (b) 정전류원

[그림 5-1] 정전압원과 정전류원의 등가 변환

5.1.2 키르히호프 법칙

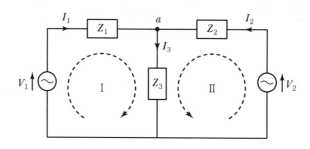

[그림 5-2] 키르히호프 법칙 적용 예 1

[그림 5-2]의 회로에서 키르히호프의 전류 법칙을 적용하면 다음과 같다.

① 절점 a에 유입되는 전류와 유출되는 전류는 서로 같으므로 다음 관계식이 성립된다.

$$\dot{I_1} + \dot{I_2} = \dot{I_3} [\mathrm{A}] \quad \text{(5-1)}$$

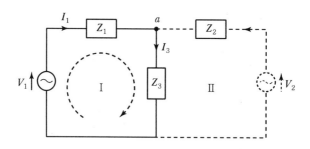

[그림 5-3] 키르히호프 법칙 적용 예 2

[그림 5-3]의 회로에서

② 폐회로 (I)에 대하여 키르히호프의 전압 법칙을 적용하면 다음과 같은 식이 성립한다.

$$V_1 = Z_1 I_1 + Z_3 I_3 [\mathrm{V}] \quad \text{(5-2)}$$

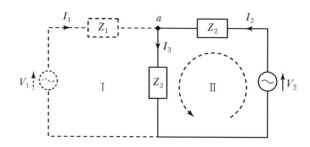

[그림 5-4] 키르히호프 법칙 적용 예 3

[그림 5-4]의 회로에서

③ 폐회로 (Ⅱ)에 대하여 키르히호프의 전압 법칙을 적용하면 다음과 같은 식이 성립한다.

$$V_2 = Z_2 I_2 + Z_3 I_3 \text{[V]} \quad \cdots\cdots\cdots\cdots\cdots\cdots\cdots\cdots\cdots\cdots\cdots\cdots\cdots\cdots \quad (5\text{-}3)$$

식 (5-1), 식 (5-2), 식 (5-3)을 I_1, I_2, I_3에 관하여 풀이하면 다음과 같은 식이 성립한다.

$$I_1 = \frac{(Z_2 + Z_3)\,V_1 - Z_3\,V_2}{Z_1 Z_2 + Z_2 Z_3 + Z_3 Z_1} \text{[A]} \quad \cdots\cdots\cdots\cdots\cdots\cdots\cdots\cdots\cdots \quad (5\text{-}4)$$

$$I_2 = \frac{(Z_1 + Z_3)\,V_2 - Z_3\,V_1}{Z_1 Z_2 + Z_2 Z_3 + Z_3 Z_1} \text{[A]} \quad \cdots\cdots\cdots\cdots\cdots\cdots\cdots\cdots\cdots \quad (5\text{-}5)$$

$$I_3 = \frac{Z_2\,V_1 + Z_1\,V_2}{Z_1 Z_2 + Z_2 Z_3 + Z_3 Z_1} \text{[A]} \quad \cdots\cdots\cdots\cdots\cdots\cdots\cdots\cdots\cdots\cdots \quad (5\text{-}6)$$

5.1.3 중첩의 원리

2개 이상의 전원을 포함하는 선형 회로망에서 각 지로의 전류 또는 전압은 전원이 하나씩 단독으로 있을 때의 전류 또는 전압을 구하여 각각 합한 것과 같다는 것을 중첩의 원리라 한다.

여기서 제거하는 전압원은 단락하고 전류원은 개방한다.

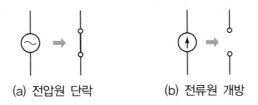

(a) 전압원 단락   (b) 전류원 개방

[그림 5-5] 전압원 단락, 전류원 개방

[그림 5-6]과 같은 회로에서 Z_3에 흐르는 전류 $\dot{I}_3$를 구해 보자.

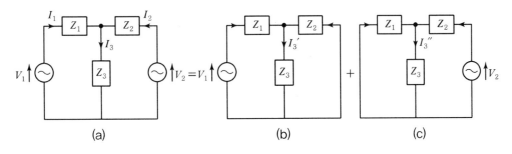

(a)   (b)   (c)

[그림 5-6] 중첩의 원리

먼저 [그림 5-6] (b)와 같이 전압원 V_1만 남기고 다른 전원은 모두 제거한다. 따라서 전압원 V_2는 단락시키고 전압원 V_1에 의해서 Z_3에 흐르는 전류를 I_3'라 하고 이를 구하면 다음과 같이 된다.

$$\dot{I_3}' = \frac{\dot{Z_2}\dot{V_1}}{\dot{Z_1}\dot{Z_2}+\dot{Z_2}\dot{Z_3}+\dot{Z_3}\dot{Z_1}}[A] \cdots\cdots (5\text{-}7)$$

그리고 [그림 5-6] (c)와 같이 전압원 V_2만 남기고 다른 전원은 모두 제거한다. 따라서 전압원 V_1은 단락시키고 전압원 V_2에 의해서 Z_3에 흐르는 전류를 I_3''라 하고 이를 구하면 다음과 같이 된다.

$$\dot{I_3}'' = \frac{\dot{Z_1}\dot{V_2}}{\dot{Z_1}\dot{Z_2}+\dot{Z_2}\dot{Z_3}+\dot{Z_3}\dot{Z_1}}[A] \cdots\cdots (5\text{-}8)$$

여기서, Z_3에 흐르는 전류 $\dot{I_3}= \dot{I_3}' + \dot{I_3}''$이므로 식 (5-7)과 식 (5-8)로부터 다음과 같이 된다.

$$\dot{I_3}= \frac{\dot{Z_2}\dot{V_1}+\dot{Z_1}\dot{V_2}}{\dot{Z_1}\dot{Z_2}+\dot{Z_2}\dot{Z_3}+\dot{Z_3}\dot{Z_1}}[A] \cdots\cdots (5\text{-}9)$$

+ 예제 5-1 중첩의 원리를 이용하여, 그림의 4[Ω]에 흐르는 전류를 구하여라.

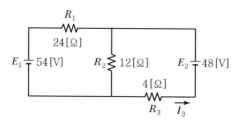

풀이 ① 전압원 E_2 단락

그림 (a)에서 전저항 $R_T = 24 + \dfrac{12 \times 4}{12+4} = 24 + \dfrac{48}{16} = 27[\Omega]$

전전류 $I = \dfrac{E_1}{R_T} = \dfrac{54}{27} = 2[A]$

전류 분배법칙에 의해 R_3에 흐르는 전류 I_3'는

$I_3' = \dfrac{R_2}{R_2+R_3}I = \dfrac{12}{12+4} \times 2 = 1.5[A]$

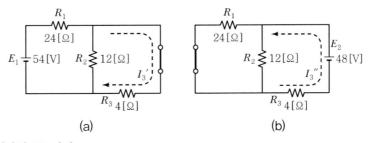

(a)   (b)

② 전압원 E_1 단락

그림 (b)에서 전저항 $R_T = 4 + \dfrac{12 \times 24}{12 + 24} = 4 + \dfrac{288}{36} = 12[\Omega]$

R_3에 흐르는 전류 I_3''는 $I_3'' = \dfrac{E_2}{R_T} = \dfrac{48}{12} = 4[\text{A}]$

③ R_3에 흐르는 전류 I_3는

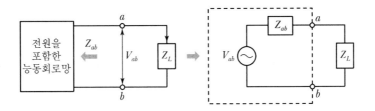

(c)

따라서 R_3에 흐르는 전체 전류 $I_3 = I_3'' - I_3' = 4 - 1.5 = 2.5[\text{A}]$

5.1.4 테브난의 정리

[그림 5-7] 테브난의 등가회로

    [그림 5-7]과 같이 전원을 포함한 능동 회로망에서 끌어낸 두 단자 a, b에 임피던스 Z_L을 접속하고 임피던스에 흐르는 전류 I를 구할 때 그림과 같이 등가회로로 바꾸어 계산할 수 있는데, 이와 같은 방법을 테브난의 정리(Thevenin's theorem)라 한다.

    [그림 5-7]에서 V_{ab}는 단자 $a-b$를 개방시킨 상태에서 $a-b$에 나타나는 전압이고, Z_{ab}는 회로망 내의 모든 전원을 제거(전압원은 단락하고, 전류원은 개방)하고 $a-b$ 단자에서 회로망 쪽을 보았을 때의 임피던스이며, 전압원 V_{ab}와 임피던스 Z_{ab}를 직렬 접속하면 점선 내부와 같이 된다. 이를 테브나의 등가회로라고 한다.

따라서 그림의 부하 Z_L에 흐르는 전류는

$$I = \frac{V_{ab}}{Z_{ab} + Z_L} \text{[A]} \quad\cdots\cdots\cdots\cdots\cdots\cdots\cdots\cdots\cdots\cdots\cdots\cdots\cdots\cdots\cdots\cdots\cdots (5\text{-}10)$$

가 된다.

+ 예제 5-2 테브난의 정리를 이용하여 그림의 저항 R_L의 2[Ω]에 흐르는 전류를 구하여라.

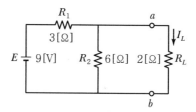

풀이 ① 전원 E를 단락하고 두 단자 a, b 사이의 총저항을 구하면

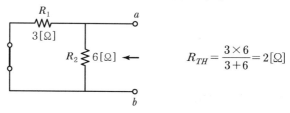

$$R_{TH} = \frac{3 \times 6}{3 + 6} = 2\,[\Omega]$$

② 단자 a, b 사이의 개방회로 전압을 구하면

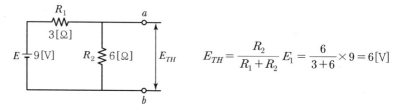

$$E_{TH} = \frac{R_2}{R_1 + R_2} E_1 = \frac{6}{3 + 6} \times 9 = 6\,[\text{V}]$$

③ 테브난의 등가회로에서 I_L을 구한다.

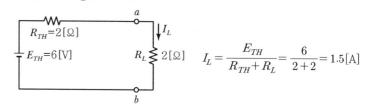

$$I_L = \frac{E_{TH}}{R_{TH} + R_L} = \frac{6}{2 + 2} = 1.5\,[\text{A}]$$

5.1.5 노턴의 정리

[그림 5-8]과 같이 전원을 포함한 능동 회로망에서 끌어낸 두 단자 a, b에 어드미턴스 Y_L을 접속하고 어드미턴스에 걸리는 단자 전압 V_{ab}를 구할 때 그림과 같은 등가회로로 바꾸어 계산할 수 있는데, 이와 같은 방법을 노턴의 정리(Norton's theorem)라 한다.

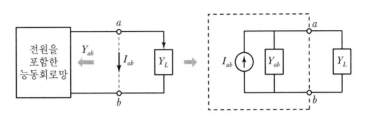

[그림 5-8] 노턴의 정리

[그림 5-8]에서 I_{ab}는 단자 $a-b$를 단락시킨 상태에서 $a-b$에 흐르는 단락 전류이고, Y_{ab}는 회로망 내의 모든 전원을 제거(전압원은 단락, 전류원은 개방)하고 $a-b$단자에서 회로망 쪽을 보았을 때의 어드미턴스이며, 전류원 I_{ab}와 어드미턴스 Y_{ab}를 병렬 접속하면 점선 내부와 같이 된다. 이를 노턴의 등가회로라 한다. 따라서 그림의 부하 어드미턴스 Y_L에 흐르는 전류 I는

$I = \dfrac{Y_L}{Y_{ab}+Y_L} I_{ab}$[A]가 되고 어드미턴스 Y_L에 걸리는 전압 V_{ab}는 다음과 같이 된다.

$$V_{ab} = \frac{I_{ab}}{Y_{ab}+Y_L}[\text{V}] \cdots\cdots\cdots\cdots\cdots\cdots\cdots\cdots\cdots\cdots\cdots\cdots\cdots\cdots\cdots\cdots\cdots\cdots\cdots\cdots\cdots (5\text{-}11)$$

+ 예제 5-3 그림의 회로에 대한 노턴의 등가회로를 구하여라.

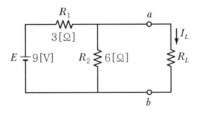

풀이 ① 전원 E를 단락시키고 두 단자 a, b 사이의 저항(R_N)을 구하면

$$R_N = \frac{3 \times 6}{3+6} = 2[\Omega]$$

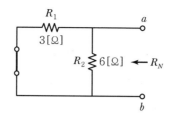

② 단자 a, b 사이를 단락시키고 I_N을 구한다.

　단자 a, b를 단락, 따라서 $I_2 = 0$이 되고, I_1에 흐르는 전류는 I_N과 같다.

$$I_N = \frac{E}{R_1} = \frac{9}{3} = 3[\text{A}]$$

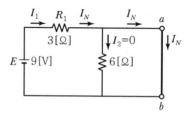

③ 노턴의 등가회로를 구한다.

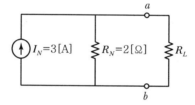

5.1.6 밀만의 정리

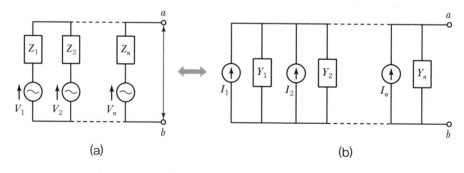

(a)　　　　　　　　　　　　　　　(b)

[그림 5-9] 밀만의 정리

　[그림 5-9]와 같이 여러 개의 전원이 병렬로 접속되어 있는 경우에 전원을 그림과 같은 등가 전류 전원으로 변환시켜 단자 $a-b$ 사이의 전압 V_{ab}를 계산할 수 있는데, 이와 같은 방법을 밀만

의 정리(Millman's theorem)라 한다.

그림에서 $I_1 = \dfrac{V_1}{Z_1}$, $I_2 = \dfrac{V_2}{Z_2}$, $\cdots$ $I_n = \dfrac{V_n}{Z_n}$이고, $Y_1 = \dfrac{1}{Z_1}$, $Y_2 = \dfrac{1}{Z_2}$, $\cdots$ $Y_n = \dfrac{1}{Z_n}$이므로 그림 (a)를 그림 (b)와 같이 등가 전류원 회로로 변환하여 단자 $a-b$ 사이의 전압 V_{ab}를 구하면

$$V_{ab} = \frac{I_1 + I_2 + \cdots + I_n}{Y_1 + Y_2 + \cdots + Y_n} = \frac{\displaystyle\sum_{k=1}^{n} I_k}{\displaystyle\sum_{k=1}^{n} Y_k}[\text{V}] \quad\cdots\cdots\cdots\cdots\cdots\cdots\cdots\cdots\cdots\cdots (5\text{-}12)$$

이 된다.

5.2   비정현파

지금까지 취급한 교류전압이나 교류전류는 전부 정현파 교류였다. 그러나 실제 교류회로의 전압이나 전류의 파형은 교류발전기에서 발생하는 전기자 반작용이나 변압기의 자기포화와 히스테리시스 현상 등에 의하여 그 파형이 정현파형에서 벗어나 일그러지게 된다. 이와 같은 정현파형이 아닌 파형을 총칭하여 비정현파(distorted wave) 또는 왜형파라고 한다.

정현파로부터 왜곡이 작을 때는 이것을 정현파로 보고 근사적으로 계산할 수 있지만 왜곡이 현저할 때는 주파수가 다른 정현파 교류로 분해하여 합하는 방식으로 비정현파의 실횻값, 전력 등을 구한다. 따라서 비정현파 교류는 일정한 주기를 가지고 반복하는 여러 개의 주파수 성분을 갖는 정현파를 합성하면 비정현파 교류가 된다. 한편 주파수가 같은 정현파의 합성은 이미 취급한 바와 같이 최댓값과 위상이 달라도 역시 정현파가 된다.

[그림 5-10]와 같이 주파수가 다른 정현파 교류 $v_1 = 25\sin\omega t[\text{V}]$와 $v_2 = 5\sin 3\omega t[\text{V}]$를 합성$(v_1 + v_2)$하면 비정형파 교류를 얻을 수 있다. 이와 반대로 생각하면 비정현파는 최댓값과 주파수가 다른 몇 개의 정현파로 분해할 수 있다.

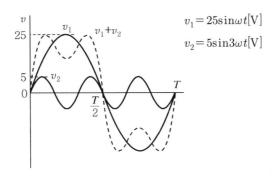

[그림 5-10] 비정현파

5.2.1 비정현파 교류의 분해

[그림 5-10]과 같이 주파수 $f[\text{Hz}]$의 교류전압 v_1과 주파수 $3f[\text{Hz}]$의 교류전압 v_2를 합성하면 $v_1 + v_2$의 파형이 됨을 알 수 있다. 이러한 사실로부터 비정현파 교류 전류 $v_1 + v_2$는 v_1과 v_2의 2개의 정현파 교류로 분해할 수 있다.

일반적으로 비정현파가 주기파인 경우에는 주파수, 위상, 최댓값이 다른 정현파의 합으로 나타낼 수 있다.

(비정현파 교류＝직류분＋기본파＋고조파)

$$v = V_0 + \sqrt{2}\,V_1\sin\omega t + \sqrt{2}\,V_2\sin 2\omega t + \cdots + \sqrt{2}\,V_n\sin n\omega t\,[\text{V}] \quad\cdots\cdots\cdots\cdots (5\text{-}13)$$

여기서, V_0 : 직류분, $\sqrt{2}\,V_1\sin\omega t$: 기본파, $\sqrt{2}\,V_2\sin 2\omega t + \cdots + \sqrt{2}\,V_n\sin\omega t$: 고조파

위 식과 같이 직류분과 기본파, 고조파가 포함된 임의의 교류전압 $v(t)$를

$$v(t) = V_0 + \sqrt{2}\,V_1\sin\omega t + \sqrt{2}\,V_2\sin 2\omega t + \cdots + \sqrt{2}\,V_n\sin n\omega t$$

$$= V_0 + \sum_{n=1}^{\infty} \sqrt{2}\,V_n\sin n\omega t\,[\text{V}] \quad\cdots\cdots\cdots\cdots\cdots\cdots\cdots\cdots\cdots\cdots (5\text{-}14)$$

라 하고, 전류 $i(t)$를 계산하면 식 (5-15)로 표시할 수 있다.

$$i(t) = I_0 + \sqrt{2}\,I_1\sin\omega t - \theta_1) + \sqrt{2}\,I_2\sin(2\omega t - \theta_2) + \cdots + \sqrt{2}\,I_n\sin(n\omega t - \theta_n)$$

$$= I_0 + \sum_{n=1}^{\infty} \sqrt{2}\,I_n\sin(n\omega t - \theta_n)\,[\text{A}] \quad\cdots\cdots\cdots\cdots\cdots\cdots\cdots\cdots (5\text{-}15)$$

5.2.2 비정현파의 해석

(1) 비정현파의 실횻값

V_0, V_1, V_2, V_3, $\cdots$ 등의 실횻값을 가지는 고조파로 구성된 비정현파 교류의 실횻값 $V[\text{V}]$는 식 (5-16)으로 나타낼 수 있다.

$$V = \sqrt{V_0^2 + V_1^2 + V_2^2 + \cdots V_n^2}\,[\text{V}] \quad\cdots\cdots\cdots\cdots\cdots\cdots\cdots\cdots\cdots\cdots (5\text{-}16)$$

이와 같이 비정현파 교류의 실횻값은 직류분(V_0)과 기본파(V_1) 및 고조파(V_2, V_3, $\cdots$, V_n)의 실횻값의 제곱의 합을 제곱근한 것이다. 이것은 전류에 대해서도 마찬가지로 성립한다.

$$I = \sqrt{I_0^2 + I_1^2 + I_2^2 + \cdots I_n^2} \, [\text{A}] \quad\cdots\cdots\cdots\cdots\cdots\cdots\cdots\cdots\cdots\cdots\cdots\cdots\cdots\cdots\cdots\cdots \quad (5\text{-}17)$$

여기서, I_0 : 직류분, V_1 : 기본파, I_2, I_3, $\cdots$, I_n : 고조파 전류의 실횻값

+ 예제 5-4 비정현파 전압이 $v = 3 + 10\sqrt{2}\sin\omega t + 5\sqrt{2}\sin\left(3\omega t - \dfrac{\pi}{3}\right)[\text{V}]$일 때 **실횻값을 구하여라.**

풀이 $V = \sqrt{V_0^2 + V_1^2 + V_3^2} = \sqrt{3^2 + (\dfrac{10\sqrt{2}}{\sqrt{2}})^2 + (\dfrac{5\sqrt{2}}{\sqrt{2}})^2} = 11.6[\text{V}]$

(2) 비정현파의 왜형률

비정현파가 정현파에 대하여 일그러지는 정도를 나타내는 것을 왜형률(distortion factor)이라 한다. 왜형률은 비정현파 교류 기본파의 실횻값을 $V_1[\text{V}]$, 고조파의 실횻값을
$V = \sqrt{V_2^2 + V_3^2 + V_4^2 + \cdots V_n^2} \, [\text{V}]$라 하면

$$\text{왜형률}\,(D) = \frac{\text{전 고조파의 실횻값}}{\text{기본파의 실횻값}} = \frac{\sqrt{V_2^2 + V_3^2 + \cdots V_n^2}}{V_1} \quad\cdots\cdots\cdots\cdots\cdots\cdots\cdots \quad (5\text{-}18)$$

로 표시할 수 있다.

(3) 비정현파의 소비전력

비정현파의 소비전력은 순시전력 1주기에 대한 평균으로 구할 수 있다. 이때 평균전력은 주파수가 다른 전압과 전류 간의 전력이 0이 되므로 같은 주파수의 전압과 전류 간의 전력만을 생각하면 된다.

$$P = V_0 I_0 + V_1 I_1 \cos\theta_1 + V_2 I_2 \cos\theta_2 + \cdots + V_n I_n \cos\theta_n [\text{W}] \quad\cdots\cdots\cdots\cdots\cdots\cdots \quad (5\text{-}19)$$

(4) 비정현파 교류의 임피던스와 전류

저항 $R[\Omega]$, 인덕턴스 $L[\text{H}]$의 직렬회로에 비정현파 교류전압을 가한 경우 직류분은 직류분만의 회로, 교류분은 각 고조파마다 따로따로의 회로에 대하여 계산하여 합성하면 된다.

$$v(t) = V_0 + \sqrt{2}\,V_1 \sin\omega t + \sqrt{2}\,V_3 \sin 3\omega t \, [\text{V}] \quad\cdots\cdots\cdots\cdots\cdots\cdots\cdots\cdots\cdots\cdots \quad (5\text{-}20)$$
$$i(t) = I_0 + \sqrt{2}\,I_1 \sin(\omega t - \theta_1) + \sqrt{2}\,I_3 \sin(3\omega t - \theta_3)[\text{A}] \quad\cdots\cdots\cdots\cdots\cdots\cdots \quad (5\text{-}21)$$

저항 $R[\Omega]$

기본파의 임피던스 $Z_1 = \sqrt{R^2 + (\omega L)^2}\,[\Omega]$ ··· (5-22)

제3고조파의 임피던스 $Z_3 = \sqrt{R^2 + (3\omega L)^2}\,[\Omega]$ ··· (5-23)

직류분 전류 $I_0 = \dfrac{V_0}{R}\,[\mathrm{A}]$ ·· (5-24)

기본파의 전류 $I_1 = \dfrac{V_1}{Z_1} = \dfrac{V}{\sqrt{R^2 + (\omega L)^2}}\,[\mathrm{A}]$ ······································ (5-25)

제3고조파의 전류 $I_3 = \dfrac{V_3}{Z_3} = \dfrac{V}{\sqrt{R^2 + (3\omega L)^2}}\,[\mathrm{A}]$ ···························· (5-26)

전전류 $I = \sqrt{I_0^2 + I_3^2}\,[\mathrm{A}]$ ··· (5-27)

＋ 예제 5-5 그림과 같이 $R = 3[\Omega]$, $\omega L = 4[\Omega]$인 직렬회로에 $v = 6 + 100\sqrt{2}\sin\left(\omega t - \dfrac{\pi}{6}\right)$ $+ 50\sqrt{2}\sin 3\omega t\,[\mathrm{V}]$의 전압이 인가된 경우 회로에 흐르는 전류의 순싯값 및 실횻값을 구하여라.

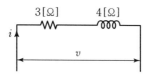

풀이 ① 직류분 전류 $I_0 = \dfrac{V_0}{R} = \dfrac{6}{3} = 2[\mathrm{A}]$

② 기본파 전류의 순싯값 i_1, 임피던스 Z_1, 위상각 θ_1

$$i_1 = \frac{\sqrt{2}\,V_1}{Z_1}\sin\left(\omega t - \frac{\pi}{6} - \theta_1\right)[\mathrm{A}]$$

$$Z_1 = \sqrt{R^2 + (\omega L)^2} = \sqrt{3^2 + 4^2} = 5[\Omega]$$

$$\theta_1 = \tan^{-1}\frac{\omega L}{R} = \tan^{-1}\frac{4}{3} \fallingdotseq 53.1°$$

③ 제3고조파 전류의 순싯값 i_3, 임피던스 Z_3, 위상각 θ_3

$$i_3 = \frac{\sqrt{2}\,V_3}{Z_3}\sin(3\omega t - \theta_3)[\mathrm{A}]$$

$$Z_3 = \sqrt{R^2 + (3\omega L)^2} = \sqrt{3^2 + 9 \times 4^2} \fallingdotseq 12.37[\Omega]$$

$$\theta_3 = \tan^{-1}\frac{3\omega L}{R} = \tan^{-1}\frac{3 \times 4}{3} \fallingdotseq 76°$$

④ 전류의 순싯값 i

$$i = I_0 + i_1 + i_3$$

$$= 2 + \frac{100\sqrt{2}}{5}\sin\left(\omega t - \frac{\pi}{6} - 53.1°\right) + \frac{50\sqrt{2}}{12.37}\sin(3\omega t - 76°)$$

$$= 2 + 20\sqrt{2}\sin(\omega t - 83.1°) + 4\sqrt{2}\sin(3\omega t - 76°)\,[\text{A}]$$

⑤ 전류의 실횻값

$$I = \sqrt{{I_0}^2 + {I_1}^2 + {I_3}^2} = \sqrt{2^2 + 20^2 + 4^2} = 20.5\,[\text{A}]$$

5.3 과도현상

회로에 흐르는 전류 또는 전압이 시간에 대하여 항상 같은 상태의 변화를 반복하는 상태를 정상상태라 한다. 그러나 실제로 L과 C를 포함하는 회로에서는 스위치의 개폐 또는 회로상태의 변화에 의하여 자기 또는 정전에너지의 변화를 방해하는 역기전력을 발생하여 전류나 전압이 순간에 정상상태로 변화하지 않고 정상값으로 될 때까지 어느 정도 시간을 요한다. 이 정상상태로 될 때까지의 상태를 과도상태(transient state)라 하고 이때 발생하는 현상을 과도현상(transient phenomena)이라 한다.

5.3.1 $R-L$ 직렬회로

(1) 전류 특성

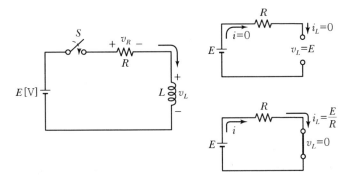

[그림 5-11] $R-L$ 직렬회로

지금 [그림 5-11]에서와 같이 저항 R과 인덕턴스 L[H]인 코일을 직렬로 연결한 회로에 시간 $t = 0$의 순간에 직류전압 E를 인가할 때의 전류를 i_L이라 하면

$$i_L = \frac{E}{R}(1 - e^{-(L/R)t}) = I(1 - e^{-(L/R)t})[\text{A}] \quad \cdots\cdots\cdots\cdots\cdots\cdots\cdots\cdots \text{(5-28)}$$

로 표시할 수 있으며, 시간에 따른 변화는 그림 [5-12]와 같이 0에서부터 지수적으로 증가하여 정상상태가 되면 정상전류 $\frac{E}{R}$가 된다.

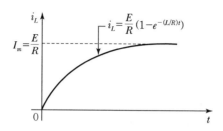

[그림 5-12] E 인가 시 i 특성

(2) 시정수

시정수 τ는 스위치를 ON한 후 정상전류의 63.2[%]까지 상승하는 데 걸리는 시간으로, 시정수가 커지면 정상상태에 이르는 시간이 길어지므로 과도 시간이 길어진다.

$$\tau = \frac{L}{R}[\text{sec}] \quad \cdots\cdots\cdots\cdots\cdots\cdots\cdots\cdots\cdots\cdots\cdots\cdots\cdots\cdots\cdots\cdots\cdots\cdots\cdots\cdots\cdots\cdots\cdots\cdots\cdots \text{(5-29)}$$

$t = 0$에서 $t = \tau = \frac{L}{R}[\text{sec}]$로 되었을 때의 전류를 구해 보면 $e = 2.7183$이므로

$$i_\tau = \frac{E}{R}\left(1 - e^{-\frac{R}{L}\tau}\right) = \frac{E}{R}(1 - e^{-1}) = \frac{E}{R}(1 - 0.368) = 0.632\frac{E}{R}$$

가 된다. 그러므로 $t = 0$에서 $t = \tau = \frac{L}{R}[\text{sec}]$가 경과되었을 때의 과도 전류는 정상값의 0.632배가 된다.

+ 예제 5-6 $R\text{-}L$ 직렬회로에서 $R = 10[\Omega]$, $L = 10[\text{mH}]$이다. 시정수 $\tau[\text{sec}]$를 구하여라.

풀이 $\tau = \frac{L}{R} = \frac{10 \times 10^{-3}}{10} = 10^{-3}[\text{sec}]$

5.3.2 $R-C$ 직렬회로

(1) 전류 특성

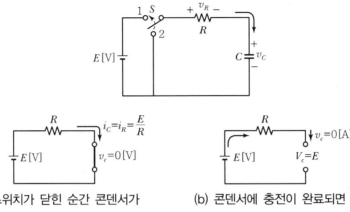

(a) 스위치가 닫힌 순간 콘덴서가   (b) 콘덴서에 충전이 완료되면
    단락회로처럼 동작   개방회로의 특성을 나타냄

[그림 5-13] $R-C$ **직렬회로**

[그림 5-13]에서와 같이 저항 R과 인덕턴스 C[F]인 콘덴서를 직렬로 연결한 회로에 시간 $t = 0$의 순간에 직류전압 E를 인가할 때의 전류를 i_C라 하면

$$i_C = \frac{E}{R} e^{-t/RC}[\text{A}] \quad\text{...} (5\text{-}30)$$

로 표시할 수 있으며 시간에 따른 변화는 [그림 5-13] (a)와 같이 콘덴서가 마치 단락회로처럼 동작하고 있다. $t = 0$일 때, 전류는 $i = i_c = i_R = \dfrac{E}{R}$이고, 콘덴서 전압 $v_C = 0$[V]가 된다.

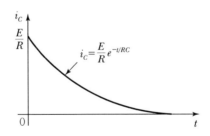

[그림 5-14] 충전전류 특성

(2) 시정수

시정수 τ는 스위치를 ON한 후 전상전류의 36.8[%]까지 감소하는 데 걸리는 시간을 말한다.

$$\tau = RC[\text{sec}] \quad\cdots\cdots\cdots\cdots\cdots\cdots\cdots\cdots\cdots\cdots\cdots\cdots\cdots\cdots\cdots\cdots\cdots\cdots (5\text{-}31)$$

$\tau = RC$를 지수 함수 형태인 $e^{-t/RC}$로 변환하면 $e^{-t/\tau}$를 얻게 된다. 시정수가 $t = \tau$일 때는 $e^{-t/\tau} = e^{-\tau/\tau} = e^{-1} = 0.3679$가 된다.

그러므로 $t = 0$에서 $t = \tau = RC[\text{sec}]$가 경과되었을 때의 과도전류는 이 함수의 최댓값인 1의 36.79[%]로 감소하게 된다.

+ 예제 5-7 $R\text{-}C$ 직렬회로에서 $R = 500[\text{k}\Omega]$, $C = 2[\mu\text{F}]$일 때, 전류 i_c와 시정수 τ를 구하여라.(단, 이때 회로에 가해진 전압은 100[V]이다.)

풀이 $i = \dfrac{E}{R}\, e^{-t/RC} = 2 \times 10^{-4} e^{-t}[\text{A}]$

$\tau = CR = 2 \times 10^{-6} \times 500 \times 10^{3} = 1[\text{sec}]$

탄탄한 기초를 위한
전기이론

발행일 | 2020. 8. 20 초판 발행
2021. 1. 20 초판 2쇄
2023. 11. 30 초판 3쇄

저　자 | 조성덕
발행인 | 정용수
발행처 | 예문사

주　소 | 경기도 파주시 직지길 460(출판도시) 도서출판 예문사
T E L | 031) 955 − 0550
F A X | 031) 955 − 0660
등록번호 | 11 − 76호

• 이 책의 어느 부분도 저작권자나 발행인의 승인 없이 무단
　복제하여 이용할 수 없습니다.
• 파본 및 낙장은 구입하신 서점에서 교환하여 드립니다.
• 예문사 홈페이지 http : //www.yeamoonsa.com

정가 : 15,000원

ISBN 978−89−274−3674−4 13560